JN115823

第１章　江戸東京野菜

②亀戸大根

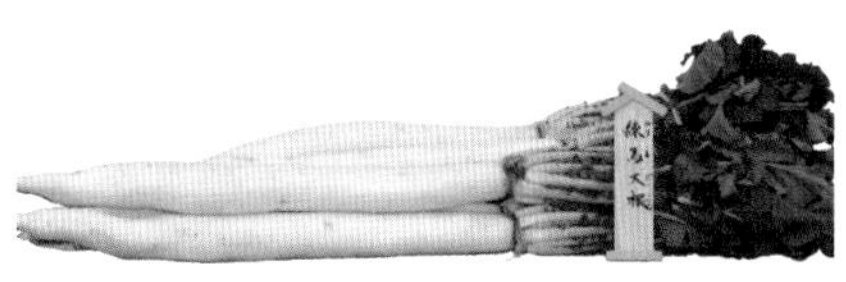

①練馬大根

④三河島菜

③品川カブ

⑥滝野川ゴボウ

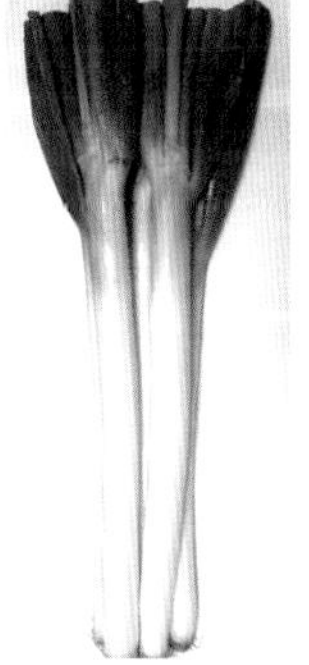

⑤千住ネギ

①～⑥写真提供：東京都農業協同組合中央会

第１章　江戸東京野菜

⑧内藤カボチャ

⑦内藤トウガラシ

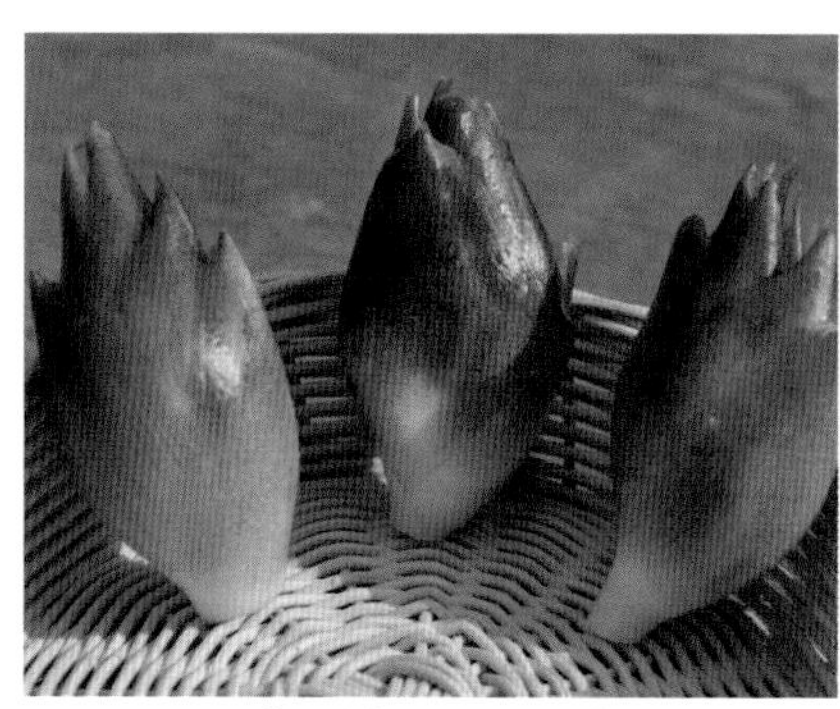

⑩早稲田ミョウガ

⑨寺島ナス

⑫鳴子ウリ

⑪のらぼう菜

⑦～⑫写真提供：東京都農業協同組合中央会

第2章　日野町の日野菜

⑬日野町の日野菜

第3章　田原市産ブロッコリー

⑭田原市産ブロッコリー

⑯愛知みなみ農業協同組合
田原集荷センターでの品質検査

⑮出荷に適したブロッコリーを
部会員に示す目揃え会

⑭～⑯写真提供：加藤由貴夫氏

第4章　丹波篠山黒豆

⑰丹波篠山黒豆

⑱収穫作業

⑲乾燥作業

⑰〜⑲写真提供：丹波ささやま農業協同組合

第5章　しもつみかん

⑳杉箱の中で甘みを凝縮させる「蔵出ししもつみかん」

㉑糖度が12度以上の「雛みかん」

第6章　東京牛乳

㉓リフレッシュスペースのある
おまた牧場（東京都八王子市）

㉔ストレス軽減のため馬柵棒を取り払った
モグサファーム（東京都日野市）

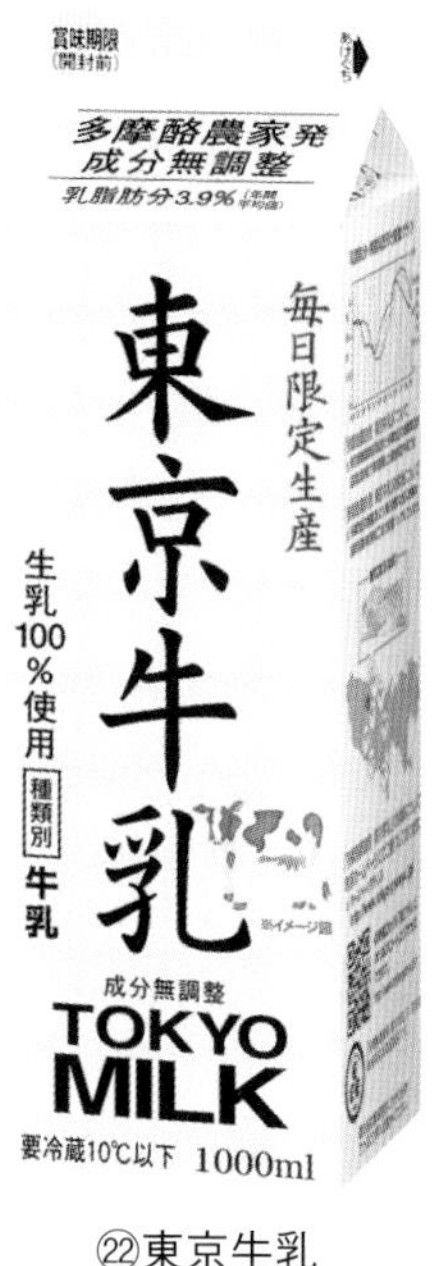

㉒東京牛乳

㉒写真提供：東京都酪農業協同組合

第7章　大山乳業の白バラ牛乳

㉕高い品質の生乳を生産する乳牛

㉖集乳作業の様子

㉗製造ライン

㉘大山乳業の白バラ牛乳

㉕～㉘写真提供：大山乳業農業協同組合

第8章　松崎町の桑の葉茶

㉙松崎町の桑の茶葉

㉚収穫作業

㉛桑の葉を手でそぎ落とす作業

㉜桑茶工場の全自動製造ライン

㉙〜㉜写真提供：企業組合松崎桑葉ファーム

第9章　稲取キンメ

㉝稲取キンメ

㉝写真提供：伊豆漁業協同組合稲取支所

㉞水産祭りで人気の「生かしキンメ」の展示

㉞写真提供：静岡県水産・海洋技術研究所伊豆分場

第10章　松輪サバ

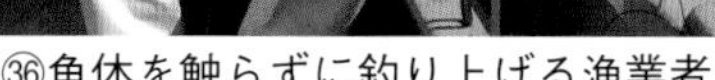
㊱魚体を触らずに釣り上げる漁業者

㉟松輪サバ

㉟㊱写真提供：みうら漁業協同組合松輪販売所

第11章　平塚のシイラ

㊲平塚のシイラ

㊲写真提供：平塚市漁業協同組合

第12章　答志島トロさわら

㊳答志島トロさわら

㊴答志島トロさわらの刺身盛り

㊵木札を差し入れて
答志島トロさわらを競り落とす仲買人

㊴写真提供：鳥羽磯部漁業協同組合

第13章　みやぎサーモン

㊶みやぎサーモン

㊷「戦国BASARA」×みやぎ銀ざけ
振興協議会のポスター

㊶㊷写真提供：宮城県漁業協同組合

第14章　ひけた鰤

㊸ひけた鰤

㊹クレーンで引き揚げられる生簀の網

㊺生簀から水揚げされるひけた鰤

㊸～㊺写真提供：引田漁業協同組合

第15章　房州黒あわび

㊼アワビの稚貝

㊻房州黒あわび

第16章　丹後とり貝

㊾丹後とり貝の炙り

㊽丹後とり貝

㊽㊾写真提供：京都府漁業協同組合

第17章　越前がに

㉛競りにかけられる越前がに

㊿越前がに

第18章　佐島の地だこ

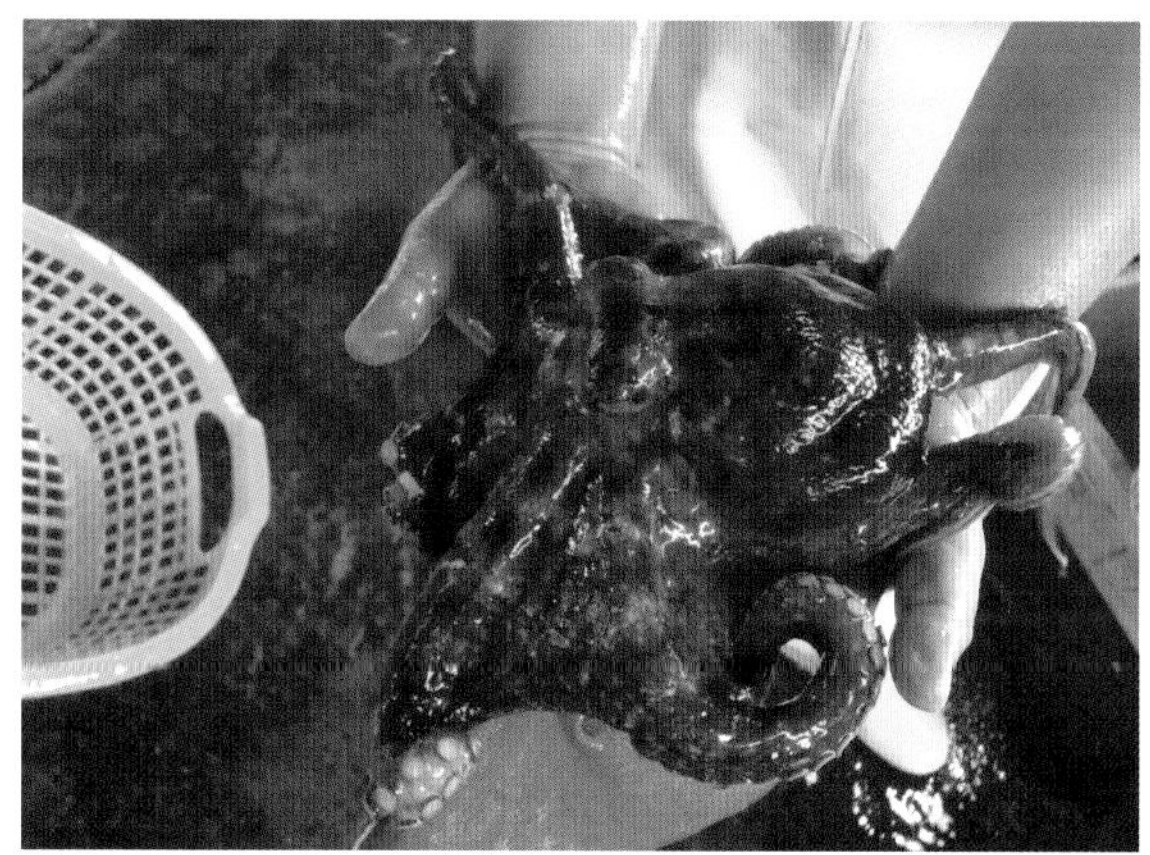
㊷佐島の地だこ

補論　外房キンメダイの資源管理

㊸新勝浦市漁協西部支所に
水揚げされた外房キンメダイ

㊹一匹ずつ計量される外房キンメダイ

㊺水揚げされる外房キンメダイ

㊻家族も協力する水揚げ作業

食材礼讃

〜はじめに〜

今日の日本の農水産業は、生産者の高齢化や担い手不足、耕作放棄地の増加などさまざまな課題があります。なかでも食料自給率の低下は深刻であり、一九六五年度は七三パーセントでしたが、二〇〇〇年度以降は四〇%前後で推移しています。この背景には多くの要因が考えられますが、戦後に米国が余剰小麦などを処分するため積極的に日本へ輸出し、「パン給食」などが推進されたことや、一九六〇年以降にありとあらゆる農産物の輸入自由化が進められたことは大きなターニングポイントとなりました。

また水産業だけでも、二〇〇海里漁業水域が設定されたことや、円高が進行したことが魚介類の自給率の低下（現在は約六〇パーセント）に拍車をかけました。さらに一九九〇年代からは新自由主義的な発想がもてはやされ、異なる考え方が排除される一方、いわゆる「規制改革」「構造改革」が進められました。その結果、国民の所得格差が広がり、生活を維持していくために「低価格であること」を最優先する世帯が増加するようになりました。

しかしそのような逆境のなかにあっても、高品質な国産食材を生産し続ける人々と、その人々を支え続ける組織があります。そこで本書は、わが国で食材を生産することの意義や苦労、そして生産し続けることが地域経済や文化を守り続けることにほかならないことを、多くの読者に理解してもらうため、一八品目の食材と沿岸漁業における資源管理をケーススタディ形式にまとめました。

具体的には、農産物を中心とした「大地の恵み編」では、姿を消しつつあった伝統野菜の復活（第一章・江戸東京野菜、第二章・日野町の日野菜）、消費者が安心する高品質な野菜づくり（第三章・田原市産ブロッコリー）、生産者の所得向上をめざした農産物のブランディング（第四章・丹波篠山黒豆）、日本農業遺産に登録されたみかんづくり（第五章・しもつみかん）、乳牛の健康状態を良好に保つことでおいしさを追及した牛乳づくり（第六章・東京牛乳、第七章・大山乳業の白バラ牛乳）、耕作放棄地の利活用による茶の栽培（第八章・松崎町の桑の葉茶）の事例を取り上げました。

そして水産物を中心とした「大海の恵み編」では、限られた資源を大切に活かす天然魚のブランド構築（第九章・稲取キンメ、第一〇章・松輪サバ、第一一章・平塚のシイラ、第一二章・答志島トロさわら、第一七章・越前がに、第一八章・佐島の地だこ）、震災や赤潮などの被害を乗り越えた魚類養殖（第一三章・みやぎサーモン、第一四章・ひけた鰤）、試行錯誤を繰り返し、新たな特産品を創出した貝類養殖（第一五章・房州黒あわび、第一六章・丹後とり貝）をまとめました。また最近では水産資源の資源管理が議論されていますが、漁業者はどのように限りある水産資源を管理しているかについても補論で取り上げました。

本書を通じて国産食材に興味を持ってもらうとともに、国産食材を生産・消費し続けることの意義や重要性を再認識してもらうことができれば幸いです。

田口さつき
古江　晋也

目次

大地の恵み 編

大海の恵み 編

大地の恵み 編

第一章　江戸東京野菜

一九六〇年代、首都高速道路の開通に象徴される高速道路の拡張や道路整備を受け、農産物の輸送手段もトラックが主流となりました。輸送手段の変化は、揃(そろ)いのよい農産物の生産を促す要因となり、一代交配種（いわゆる「F1」）が急速に普及しました。

七〇年代になると、市街化区域内農地の宅地化が促進されたり、宅地並み課税が導入されたりしたことで東京都区部の農地は急速に減少し、多くの伝統野菜が相次いで姿を消しました。

このことに危機感を抱いた東京都農業協同組合中央会（事務所・東京都立川市。以下、JA東京中央会）は、八〇年代後半からさまざまな活動を通じて、「江戸東京野菜」の復活に力を入れるようになりました。

出典：地理院地図（国土地理院）を加工して作成

伝統野菜を守るため「できることからしよう」

ＪＡ東京中央会が伝統野菜の復活に取り組んだきっかけは、一九八〇年代後半に全国各地の農業改良普及所などから伝統野菜の栽培が激減したことを知らされたためです。そこで同会は、まずは「できることからしよう」というスタンスで東京の伝統野菜の特徴や歴史を整理した『江戸・東京ゆかりの野菜と花』を農山漁村文化協会から出版しました。同書の責任編集に携わった大竹道茂氏（現在、江戸東京・伝統野菜研究会代表）は「バブル期で農地が宅地に転換したり、伝統野菜を栽培していた生産者が高齢化したりするなど、記録に残すことはまさに時間との戦いであった」と当時を振り返ります。

執筆はかつての伝統野菜の栽培方法や特徴などを知る農業試験場長や農業普及所長（または経験者）が担当しており、この時の資料が後の江戸東京野菜の復活に向けた活動のバイブルとなりました（ＪＡ東京中央会はその後、九六年に『江戸・東京暮らしを支えた動物たち』、〇二年に『江戸・東京農業名所めぐり』を農山漁村文化協会から出版しました）。

①江戸東京野菜の復活に取り組むJA東京中央会

②江戸東京野菜などの特徴や歴史を整理した『江戸・東京ゆかりの野菜と花』など

大竹氏は、出版企画を通じ、さまざまな資料を読み込みましたが、その際にわかったことは、かつての江戸は「農業のハブ都市」としての役割を担っていたということでした。

それは、参勤交代制度によって地方と江戸を定期的に往復していた人々が、江戸でも故郷のなじみの野菜が食べられるようにとさまざまな種子を持ち込み、下屋敷などで栽培していたためです。そして、これらの種子が周辺地域に広がり、江戸の種屋でも販売されるようになりました。

また、江戸から地方に戻る時には、江戸土産として「練馬大根」「滝野川ゴボウ」「三河島菜」など、江戸の代表的な野菜の種子を持ち帰りました。この事実は江戸東京の農業が歴史的にいかに重要であったかを示すものでした。

「江戸・東京の農業屋外説明板」の設置

JA東京中央会が出版事業の次に取り組んだことは、「江戸・東京の農業屋外説明板」（以下、農業説明板）の設置でした。この設置事業は農業協同組合法施行五〇周年（一九九七年）を記念して実施され、JA東京中央会では多くの人々に「立ち止まって見てほしい」

③江戸東京・伝統野菜研究会代表　大竹道茂氏

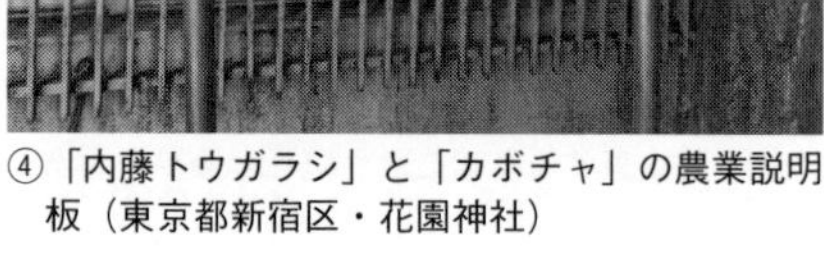

④「内藤トウガラシ」と「カボチャ」の農業説明板（東京都新宿区・花園神社）

という思いから、神事を通じて農業と密接な関係にある神社に設置することを考え、東京都神社庁に相談しました。農業説明板は同庁の協力を得て、現在、都内五〇か所の神社境内などに設置されています。

農業説明板は、参拝に訪れた多くの人々が伝統野菜に思いを巡らすだけでなく、町おこしの一環として栽培しようという行動を起こす起爆剤となりました。たとえば、「亀戸大根」の農業説明板が設置された亀戸香取神社では、地元の人々が農業説明板を見たことがきっかけとなり、地元の小・中学校で栽培されるようになりました。また、小・中学校に加え、農家で栽培・収穫された「亀戸大根」は、毎年三月に亀戸香取神社で開催される亀戸大根収穫祭と福分けまつりで市民に配られています。注目されるのは、これらのイベントがすでに二〇年以上も続き、地域文化として根付いていることです。

⑤「亀戸大根」の農業説明板と地元の割烹店が建立した石碑（東京都江東区・亀戸香取神社）

亀戸以外にも、農業説明板が設置されたことを受けて、地元の小・中学校から江戸東京野菜が復活したケースは、「品川カブ」「寺島ナス」「内藤カボチャ」「鳴子ウリ」「三河島菜」「早稲田ミョウガ」などがあります。

江戸東京野菜推進委員会の設立

大竹氏は、ＪＡ東京中央会から東京都信用農業協同組合連合会常勤役員、退職後は東京都農林水産振

興財団の食育アドバイザーなどを経て、現在は有志とともに江戸東京・伝統野菜研究会を立ち上げ、江戸東京野菜の発掘、普及に取り組んでいます。

ただ、有志による活動では限界があるので、大竹氏はJA東京中央会に要請し、江戸東京野菜のブランド化の推進と江戸東京野菜を認定する機関として「江戸東京野菜推進委員会」を組織しました。

ここでいう「江戸東京野菜」とは、JA東京中央会によれば「江戸期から始まる東京の野菜文化を継承するとともに、種苗の大半が自給または、種苗商により確保されていた昭和中期（昭和四〇年頃）までの固定種、または在来の栽培方法に由来する野菜のこと」であり、F1の種子は江戸東京野菜と認めていません。

また、江戸野菜ではなく江戸東京野菜という名称を用いることにした理由は、①江戸時代から、明治、大正、昭和の各時代に生産されたという「時代としての江戸東京」と、②江戸の都から多摩地域や島嶼地域を含めた現在の行政地域で農業振興を行っているという「農業振興地域の江戸東京」という思いからです。

JA東京中央会内に事務局を置く江戸東京野菜推進委員会（二〇一〇年に設立、一一年七月に江戸東京野菜を商標登録しました）は、東京都職員、JA東京グループ役職員、農家代表、弁理士などで構成されており、江戸東京野菜に認定された野菜は五〇品目にのぼっています。また、一九年には、江戸東京野菜普及推進室を設置したことを受け、東京都から普及推進予算を受け入れています。

足立区立保木間小学校における「命をつなぐ　千住ネギ栽培授業」

ここでは、江戸東京野菜「千住ネギ」を通して命をつなぐ大切さを学ぶ足立区内の小学校の授業を紹介します。

東京都足立区では、二〇一五年から区内の小学校で千住ネギの栽培が行われています。「千住ネギ」の歴史※1は、一六世紀後半に大坂（大阪）から砂村（現在の江東区東部）に入植した農民がネギを栽培したのが始まりといわれています。大坂ではネギの葉の部分（葉身）を食べていましたが、大坂よりも気温が低い江戸で栽培されたネギは、霜枯れのように葉の部分がうまく育ちませんでした。そこで江戸では、根元に土を集める土寄せが行われ、白い部分（葉鞘）を成長させて食べるようになりました。砂村で栽培されたネギは、その後、現在の足立区や葛飾区でも栽培されるようになり、「千住ネギ」となりました。

足立区農業委員会会長の荒堀安行氏によると、一九五〇年代の足立区はネギ畑が広がり、「千住ネギ」として出荷されていたそうです。ただ「千住ネギ」は、加熱すると甘みがあるものの、身が柔ら

⑥「命をつなぐ　千住ネギ栽培授業」を行う足立区立保木間小学校

⑦種の伝達式

かいので扱いにくく、ネギ坊主の出る時期が早いため出荷期間が短いという特徴がありました。また、六〇～七〇年代にかけては足立区も都市化の波を受け、多くの農地が宅地へと変化しました。これらのことで「千住ネギ」は栽培されなくなりました。

荒堀氏は大竹氏が江東区立第五砂町小学校で実施していた「砂村一本ネギ」の復活授業にヒントを得て、足立区立の小学校で足立区の伝統野菜「千住ネギ」の復活授業ができないかと、足立区教育委員会に要請しました。教育委員会では一五年、栽培を希望する小学校を選定、栗原北小学校、千寿双葉小学校、平野小学校でスタートしました。その後、一八年には西伊興小学校、一九年には保木間（ほきま）小学校にも広がりました（種子は、一五年に国立研究開発法人農業生産資源研究所のジーンバンクから譲り受けた固定種「千住一本太」を使用）。

筆者は二〇年六月下旬、保木間小学校で開催された「種の伝達式」と「ネギの種まき実習」に参加しました。伝達式では、「千住ネギ」の栽培を体験した五年生が四年生に種子を袋に入れて手渡しますが、その袋には一袋ごとに下級生へのメッセージが記されています。また実習では、荒堀氏や大竹氏が「千住ネギ」の由来や栽培のポイ

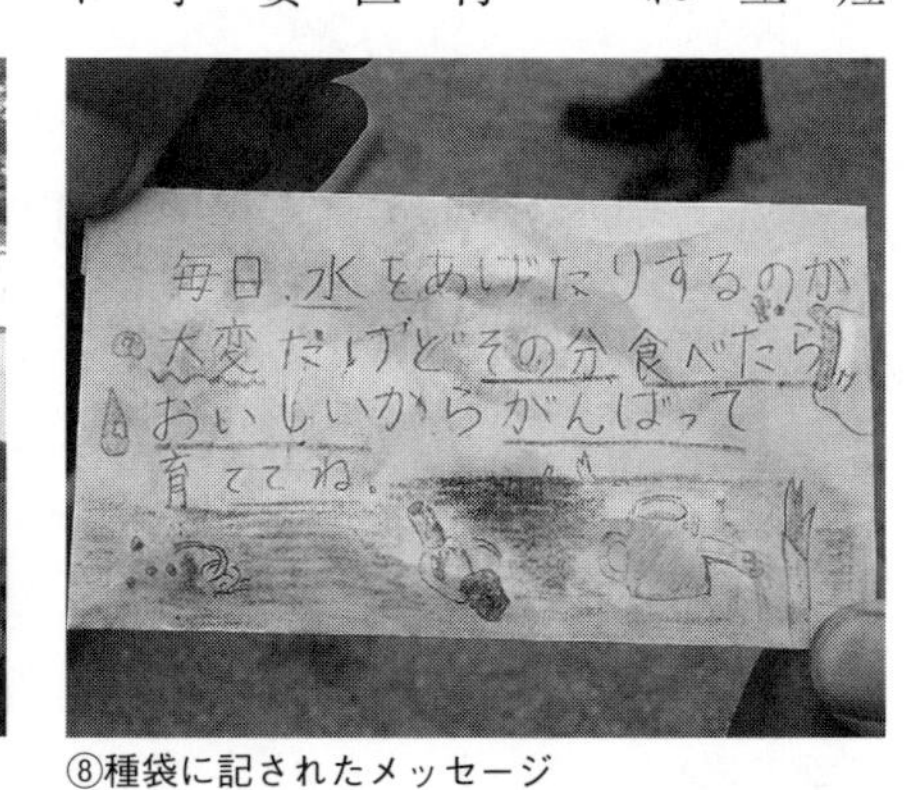

⑧種袋に記されたメッセージ

⑨足立区農業委員会会長　荒堀安行氏

ントの説明をするのに加え、異口同音に「命をつないでほしい」と約五〇人の児童に訴えました。

栽培は、五人の足立区農業委員の指導の下、ネギが三〇センチメートル程度に成長するまでプランターを使用し、九月頃に花壇に定植します。その後、数回土寄せを行い、翌年の一月下旬から二月中旬に収穫します。収穫作業後は調理実習で試食したり、自宅に持ち帰って家族とともに味わってもらったりすることで「千住ネギ」のおいしさを体験してもらいます。

保木間小学校校長の巻島正之氏は、足立区農業委員会に栽培授業を要請した理由について、足立区の伝統文化を大切にするとともに、「国語、算数だけではない学びがある。体験してほしい」という思いがあったそうです。保木間小学校は住宅や商業施設が密集している地域にあり、農産物が育つ風景をまじかに見ることは難しい状況にあります。そのため、次世代を担う子供たちが伝統野菜の栽培を通じて農業を学ぶことの意義は計り知れず、足立区もこの取組みに期待を寄せています。

※1　「千住ネギ」の歴史や足立区における千住ネギ栽培授業の取組みについては、足立区のウェブサイトを参照。

期待が寄せられている江戸東京野菜

以上、ＪＡ東京中央会における江戸東京野菜の取組みをまとめてみました。「伝統野菜の種子がなくなっていく」という危機感のもと、ＪＡ東京中央会は出版事業や農業説明板を設置することで情報発信し、これに触発された地域の人々が、小学校の授業で栽培に取り組んだり、イベントを開催したりすることで江戸東京野菜が復活しました。

さらに、秋川農業協同組合（本店・東京都あきる野市）の「五日市のらぼう部会」では、山間部で

「のらぼう菜」の採種を厳重に管理しています。また東京みどり農業協同組合（本店・東京都立川市）では、農家リーダーによる江戸東京野菜生産グループが結成されました。東京あおば農業協同組合（本店・東京都練馬区）では、「練馬大根」を知らない世代が増えるなか、小学生に食べさせたいという思いから「練馬大根引っこ抜き競技大会」を毎年冬に開催（日曜日に開催）して、抜かれた大根は、翌日（月曜日）の学校給食の食材に利用されます。

このような多くの人々の継続的な努力によって、江戸東京野菜が注目されるようになり、ＪＡ東京中央会江戸東京野菜推進室の水口均氏によると、「デパートの食品売り場などでは人気商品になっている」そうです。また同推進室では、揃いが悪いことから流通に乗らなくなった江戸東京野菜を都外で売るのではなく、東京に来て食べていただく、「東京のおもてなし食材」と考えており、レストランや和食割烹などのなかには、さまざまなイベント等で利用することも検討しています。

⑩JA東京中央会江戸東京野菜推進室　水口均氏

（⑤写真提供・大竹道茂氏）

第一章　江戸東京野菜

第二章　日野町の日野菜

日野菜は、室町時代に滋賀県日野町で発見され、五〇〇年以上その種が受け継がれてきた、滋賀県を代表する伝統野菜です。最盛期であった一九四〇年代半ばから五〇年代半ばにかけては「日野菜御殿が建つ」といわれるほど高値で取引されました。しかし、食生活が洋風化するようになると、「米飯離れ」とともに漬物に使用される日野菜の消費量は激減し、価格も低迷しました。そして二〇〇〇年代前半になると生産者が八人にまで減少するという危機的な状況となりました。このようななか、「日野町の宝」といえる日野菜を守るため、二〇〇七年度から日野町商工会（以下、商工会）が事務局となってグリーン近江農業協同組合（以下、JAグリーン近江）、日野町、滋賀県、日野菜原種組合等、関係団体が連携して「日野菜プロジェクト」を開始し、日野菜の生産や販路の拡大、商品開発などを総合的に検討しました（その後、同プロジェクトはJAグリーン近江と日野町が担い手となります）。このような取組みの結果、現在の日野菜の生産者は六〇人程度に増加しています。

出典：地理院地図（国土地理院）を加工して作成

以下では、一代交配種（いわゆる「F1」）と比較し、手間ひまがかかる伝統野菜・日野菜の栽培とその原種を継承し続けるＪＡ近江グリーン日野菜生産部会の活動をみてみましょう。

後柏原天皇に献上され、和歌にも詠まれた日野菜

室町時代、当時日野の領主であった蒲生貞秀公（一四四四～一五一四年）は、現在の日野町鎌掛(かいがけ)の山中にあった観音堂に参詣した際、野生のカブラを偶然発見しました。同カブラを漬物にして、京の公家を通じて後柏原天皇（一四六二～一五二六年）に献上したところ、後日、その公家から「近江なる　ひものの里の　さくら漬　これぞ小春の　しるしなるらん」という和歌が贈られました。これ以降、そのカブラは「日野菜」と呼ばれ、日野町の各家庭で日野菜漬けがつくられてきました※1。

日野菜生産部会副会長の寺澤清穂氏は日野菜栽培の歴史とその思いを次のように話します。

「伝統野菜である原種の日野菜の素晴らしい点は、長い年月をかけてその土地の風土を遺伝子が吸収していることにある。それらの遺伝子が環境の変化に適応し、害虫や病気などに対する耐性を一部獲得し、自然交雑したことで辛みや、にがみが加わり、味に深みが

①ＪＡグリーン近江日野農産物加工施設

②日野町鎌掛長野地区の日野菜

増した。そして明治から大正時代には、私たちの先人が品種改良を行ってきた。このように日野菜は、その時代その時代を生き抜き、人々に支持され、食べ続けられてきたから今日まで種子が残った」。

また日野菜の将来への思いについては、「私たちの役割は、伝統野菜として変えてはいけないところ、変えていかなければならないところを見極め、魅力ある日野菜を今後、さらに五〇〇年受け継いでいくことである」と話します。

※1　日野菜の由来については、日野町ウェブサイトを参照。

手間ひまをかけて栽培される日野菜

かつて琵琶湖の湖底にあった日野町鎌掛長野地区の土壌は、「さらさら」とした手ざわりで通気性がよく、日野菜栽培に適しています。寺澤氏が教えてくれたように日野菜は長い年月をかけて環境に適応し、害虫や病気などに対する耐性を獲得してきましたが、今日においても克服できない特有の害虫や病気があります。たとえば、キスジノミハムシの幼虫の被害にあうと、赤紫と白の美しい色合いが失われます。また、同じ畑で日野菜を栽培し続けると根にこぶができる「根こぶ病」になります。年に二回（春作・秋作）作付けを

③一本ずつ手作業で収穫される日野菜

④左から日野菜生産部会　竹村一男氏、寺澤清穂氏、岡保次氏

実施すると、根こぶ病になるリスクが高まるとされ、ひどい場合は作物を何も作付けせず、地力の回復を待つことになります。

播種時期は、春作の場合は三月、秋作の場合は地蔵盆（八月二三日）頃から一〇月上旬となりますが、日野菜生産部会員の岡保次氏によると、通常は収穫時期から逆算して決めるそうです。ただ、播種の時期に台風が襲来した時は、播種をやり直すこともあるといいます。生育中に株間の表面の土を浅く耕す中耕と間引きは三回行います。また日野菜の根は寒風にさらされることで濃い赤紫色に変色することから、土のかけ具合にも微妙な調整が必要となります。

収穫作業はすべて手作業で行われます。その理由の一つは、原種はＦ１と異なり、日野菜の形質や大きさがなかなか揃わないからです。そこで農業者は出荷基準を満たしているかどうかを一本ずつ丁寧に目で確認しながら収穫します。

オール日野町で農業者を支援

原種から栽培された日野菜は以前、卸売市場に出荷されていました。しかし、より見た目が優れ、形のそろったＦ１が普及するようになると、原種の日野菜は次第に市場から敬遠されるようになりました。そこで、日野菜生産部会は当時の日野町農業協同組合に漬物に加工して販売することを提案し、加工場が設立されました。また漬物の加工法については、県の普及指導員の協力を得ました。

日野菜漬けの生産体制は着々と進められましたが、その一方で、獣害、冬の重労働、他産業での就業機会の増大など、さまざまな要因が重なり、二〇〇〇年代前半には生産者が八人にまで減少しました。

また、この時期には、これまで日野菜の原種を供給し続けてきた最後の農業者も高齢のため亡くなりました。

このような状況に危機感を抱いた人々は、まず「原種を守っていこう」と考え、種用の日野菜の安定供給をめざして二〇〇五年に「深山口日野菜原種組合」を立ち上げました。また日野菜生産部会の部会員も荒れていた農地に手を入れ、日野菜畑を復活させました。

地元の日野町も、日野菜の畑地への助成を行うなど、農業者の後押しを始めるようになり、二〇〇七年からは、商工会が事務局となって「日野菜プロジェクト」を開始しました。同プロジェクトでは、日野菜栽培促進、日野菜ドレッシングの開発、漬物以外の新たな食べ方の提案などがテーマとなりました。ＪＡグリーン近江は日野菜栽培を促進するため農業者に日野菜の栽培を要請するとともに、商工会と共同で日野菜を活用した料理のレシピ集を作成したり、販路拡大のため地元ホテルを訪問したりすることで、積極的に日野菜生産者支援に取り組みました。

日野菜生産部会で後継者を育てる

日野菜生産部会には現在、約六〇人の部会員が在籍しており、五

⑤出荷された日野菜

⑥日野菜専用の洗い機

人の役員が運営にあたっています。部会では、日野菜の栽培方法の研究、ＪＡグリーン近江との情報交換、先進的な伝統野菜の産地への視察などを行っていますが、そのなかでも注目すべきは二〇一六年から開始した「原産地・日野菜ひとうね運動」です。

この運動は、日野菜の適地である鎌掛長野地区の圃場を新しく日野菜栽培を始める人に貸し出し、部会員が技術指導を行うというものです。部会員は「日野菜をつくりませんか」という内容のチラシを作成し、地域住民に声かけをした結果、一〇人ほどが畝単位で栽培を開始することになりました。これが「日野菜ひとうね会」です。

日野菜ひとうね会では、各会員がそれぞれ受持ちの畝に名札をつけ、中間管理を行っています。ただ耕耘、播種や肥料散布については、共同で実施することとし、たとえば、トラクターを所有している会員は他の会員の圃場の耕耘を行うなど、会員同士が助け合っています。また寺澤氏や岡氏ら日野菜生産部会の部会員は定期的に圃場に出向き、日野菜ひとうね会の会員に栽培に関するさまざまなアドバイスを行っているため、初心者でも安心して日野菜を栽培することができます（出荷は各会員が行うことにしています）。

日野菜生産部会の事務局は、ＪＡグリーン近江の日野東支店営農

⑦塩漬けされる日野菜

⑧ぬか漬けされる日野菜

経済課が担当し、県の普及指導員と連携して、部会の生産者を支援しています。たとえば、普及指導員は栽培に関する日々の注意点などを記した「日野菜情報」という資料を作成していますが、同資料はＪＡ職員によって部会員に届けられています。

さらに普及指導員とＪＡ職員は、週に一度、全圃場を巡回し、生育状況などを確認しています。営農経済課に所属する高畑和司氏は、日野菜生産部会を担当し、ほぼ毎日、部会員と接しています。「日野菜の播種から出荷までを支援することが自分の役割」と考えている高畑氏は、部会員から相談を受けると、すぐに対応するとともに、緊急時には普及指導員に連絡することにしています。また問題が生じた場合は、各部会員に連絡し、その対策も伝えています。高畑氏は「週一回の圃場巡回で、良質な日野菜の生産量を上げてもらいたい」と話します。

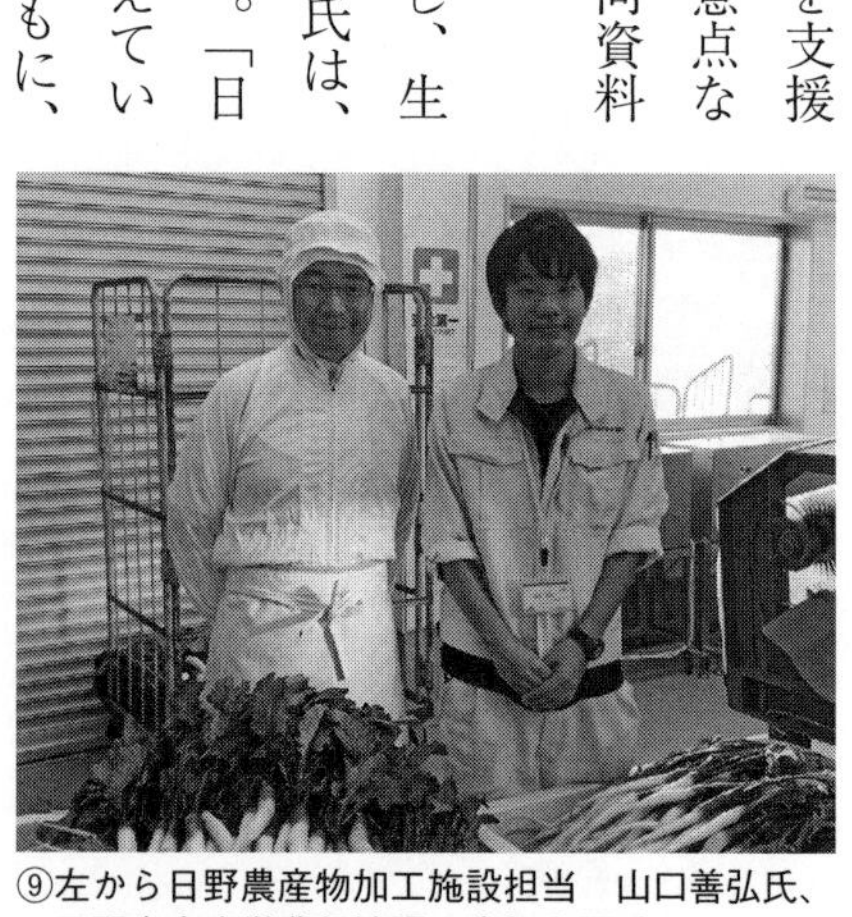
⑨左から日野農産物加工施設担当　山口善弘氏、日野東支店営農経済課　高畑和司氏

一方、ＪＡグリーン近江は滋賀県との連携に加え、日野菜の生産量を増やすため日野町、日野菜生産部会と「日野菜生産拡大会議」を開催しており、栽培情報の発信や支援体制のあり方などの協議を行っています。

原種を守るための販売努力

管内で生産された日野菜の九割は、ＪＡグリーン近江が買い取り、甘酢漬けにしています。さらに、最近では日野菜プロジェクトで商工会とＪＡが地元のホテルなどに売り込んだことから、甘酢漬け以外に日野菜を活用する動きも活発化しています。

筆者が取材した当時の担当者は、商工会に紹介された商談会（東京や大阪で開催）に二〇〇八年から毎年参加し、日野菜の認知度を向上させるための宣伝活動に取り組んできました。商談会は当初、甘酢漬けなどの商品の認知度を向上させるとともに、多くの人々とつながりをつくる場という位置づけでしたが、会を重ねるごとに、取引先も増加し、年に一度、挨拶や近況を話し合う交流の場へと変化するようになりました。また二〇一七年秋には、滋賀県がアンテナショップ「ここ滋賀」を東京日本橋にオープンしましたが、そのなかで日野菜関連商品の販売数は常にベスト一〇にランクインされるなど、好調な売れ行きとなっています。

このような流れを受け、ＪＡは二〇一八年四月に日野農産物加工施設を新設しました。加工施設では伝統的な日野菜漬だけではなく、日野菜の漬物になじみの薄い若年層へのアプローチとして、日野菜キムチと醬油漬けを開発し購買層の拡大に努めています。

一方、日野菜生産拡大会議では、中期的な目標として、日野菜の栽培面積を一〇ヘクタール、生産量を一〇〇トン（二一年）とすることを掲げ、加工施設においても一〇〇トンの日野菜関連商品を製造・販売していくことで、日野菜の原種を未来につなぐことを計画しています。

（⑥⑨写真提供・ＪＡグリーン近江）

第三章　田原市産ブロッコリー

市町村単位のブロッコリー出荷量で全国一位を誇る愛知県田原市では、国産ブロッコリーが品薄になる一～二月の厳冬期に出荷のピークを迎えます。田原市産ブロッコリーは、出荷される段ボールに「㊐」のマークが印刷されていることから、卸売関係者の間では「㊐ブランド」として知られ、「みずみずしく、甘みがある」と高い評価を受けてきました。

田原市で洋菜が栽培されるようになった理由は、戦後、静岡県に米軍が駐留し、セルリーやブロッコリーの需要が高まったからです。一九六〇年代半ばには、田原市の二五〇戸ほどの農家が洋菜を栽培しており、六六年に九つの農協と一つの専門農協が合併したことを機に、田原市農協洋菜部会（現在の愛知みなみ農業協同組合田原洋菜部会）が発足しました。当時の部会員は二八九戸でしたが、この時期に団結力や組織力を高めるために規約が作成され、産地としての基盤が形成されました。その後、同洋菜部会は、鮮度維持のための真空冷却装置の導入（八二年）、輸入ブロッコリー対策のための葉付きブロッコリーの導入（九三年）、作業効率を高めるための横詰め大箱の導入（九五年）など、全国のブ

出典：地理院地図（国土地理院）を加工して作成

ロッコリー出荷形態のスタンダートとなるアイデアを取り入れてきました。ここでは「(田)ブランド」を支える人々とその日々の活動をみていきます。

田原市のブロッコリー栽培でもっとも重要な「九月二五日」

太平洋と三河湾に囲まれた渥美半島の中央に位置する田原市は、黒潮の影響を受け、冬場も温暖であり、北西の季節風が強く吹くため降霜日数が極めて少ないという特徴があります。そのため、同地は冬野菜の供給地としての地位を確立するとともに、ブロッコリーの一大産地が形成されました。

田原市における秋冬作ブロッコリーの播種は、品種（早生(わせ)種、晩生(おくて)種、超晩生種）によって七月下旬から一〇月中旬の間に行われます。かつての播種は畑に直播していましたが、現在ではセルトレーで苗を育てます。早生種の場合は、真夏に苗を育てるので、農業者は水の管理にとても気を使うそうです。播種から畑に定植するまでにはおよそ一か月ほどの期間がかかります。

前述したように田原市のブロッコリーの出荷のピークは年明けの

①田原市のブロッコリー畑

②JA愛知みなみ田原集荷センター

一〜二月となりますが、この年明けをめざすうえでもっとも重要な日にちが「九月二五日」です。この日はブロッコリーの生育に大きな影響を与える田原市の気候の変わり目であり、収穫時期を左右することになるからです。具体的には、早生種はこの日より前に定植しないと適期に花芽が出ないなどの問題が生じます。また、晩生種はこの日以降に定植を行わないと、たとえば花芽が年内に出てしまうなど、年明けに出荷することができなくなります。

この「九月二五日が境目になる」ということを見つけ出したのが洋菜部会員の団結力であると言っても過言ではありません。部会員は、それぞれの農業日誌などの情報に基づいて意見交換を行いますが、その長年の経験が田原市の風土を活かした栽培方法を発見することにつながったのです。また部会員は、定植後の防除方法や収穫時の出荷基準など、毎年開催される洋菜部会の講習に参加し、「健康なブロッコリー」づくりに励みます。

試験栽培は「未来への投資」

洋菜部会には、ブロッコリー、葉付ブロッコリー、カリフラワー、セルリー、レタス、リーフ系レタス、レッドキャベツの品目ごとに七つの部門が設置されています。そして各部門は運営委員を一人ずつ選出し、部会長とともに運営委員会を構成します。なお、前述したようにブロッコリーと葉付ブロッコリーが別の部門に分けられていますが、その理由は、葉付ブロッコリーの収穫作業はより労力がかかること、「国産と高い鮮度」の象徴である葉付ブロッコリーに対する市場の期待が高いことから葉付ブロッコリー部門はブロッコリー部門と独立して設置されています。

運営委員会は月に一度開催されますが、その際には部会長と運営委員だけでなく、愛知県経済農業協同組合連合会、愛知県農業改良普及所、愛知みなみ農業協同組合（以下、ＪＡ愛知みなみ）の青果農産部、営農指導課、資材課の職員も参加し、課題の検討などを行っています。

洋菜部会の運営委員の任期は二年です。活動は、栽培講習会、出荷会議、品評会、出荷に適した野菜を部会員に示す目揃え会など、部会員の技術水準を引き上げることに取り組んでいますが、部会で定めた規格の遵守や、市場関係者からの指摘については、特に周知を徹底しています。また運営委員会が参加する販売検討会では、各部門の生育状況を把握したうえで、「いつごろ、どれくらいの量が出荷できるか」という見通しを市場関係者に直接伝えます。

さらに運営委員は、それぞれの部門を代表し、新たな品種を見極める試験栽培についての責任も負っています。具体的には、年度初めに新旧運営委員、種苗会社、ＪＡの営農指導員、愛知県農業改良普及所が、現在栽培している品種の改善点などを話し合い、その話し合いをもとに種苗会社が洋菜部会に販売前の新品種の種子を提供します。新品種の種子は運営委員が中心となり、自らの圃場で試験栽培を行います。この試験栽培を通じて播種日、定植日などを確認し、田原市の風土に適した品種の選定が行われます。二〇一六年四月から二年間、部会長を務めた加藤由貴夫氏（二〇一八、二〇一九年度は洋菜部会顧問）は、「品種にまさる品質はなし」と話すように、品種に備わった特性をうまく引き出すことが、高品質なブロッコリーを生産するコツだそうです。

また品種選びは、部会員二三九人全員が出荷する農作物の水準を安定させるためにも不可欠な作業です。ただし試験栽培で使用した圃場は、出荷できない農作物が少なくありませんが、「未来のための投資」として、運営委員たちは新品種の見極めに協力しています。

新鮮で栄養価の高いブロッコリーを消費者に届けるために

消費者に高品質なブロッコリーを供給するためには、部会員とJA職員による出荷前の丁寧な作業が欠かせません。

かつての洋菜部会は、運営委員が自身の作業を行いつつ、卸売市場への配荷業務や集荷物の品質検査も行っていました。そのため、現在も検査業務は「自分たちの仕事である」と考え、田原集荷センターのJA職員に「委託」しているという意識があるそうです。

同部会の規約は、部会員間の団結力、組織力を高めるため一九六〇年代に作られましたが、この規約のなかの「出荷時の検査」については、「①すべての出荷者から一箱開けて検査する、②出荷の規格に合わない場合は、三箱開ける、③三箱開けて規約に合わなければ全量出荷停止とする」という規則が記されています。

そのため運営委員とJA職員は、クレームの対象となる点を重点的に検査し、部会員が出荷したブロッコリーを等級に関係なく無作為に調べます。なかでも最下等級は、出荷者の選別が「ゆるくなる

③左から田原集荷センター長　鈴木博孝氏、田原洋菜部会事務局主任　田中利幸氏、営農指導部主任　鈴木智氏、田原洋菜部会元顧問　加藤由貴夫氏

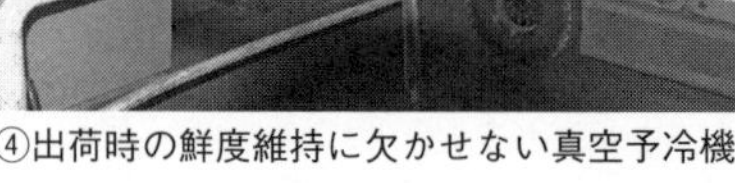

④出荷時の鮮度維持に欠かせない真空予冷機

傾向」があるので、特に気をつけて検査を行います。部会員に厳しい指摘を行うことも品質を維持するためには欠かせません。しかし、それでもクレームが発生した場合は、段ボールに記載された生産者名を確認し、当事者にフィードバックすることで再発を防いでいます。

洋菜部会では、ブロッコリーの「鮮度」を特に重視しています。検査を通過したブロッコリーは、二〇分間の真空予冷により、呼吸が抑えられるため長く鮮度を保つことができます。価格面は、他の産地の影響を回避することが難しいですが、市場からは「安いから他の産地のものを購入したが、鮮度がよくないため日持ちが悪かった。田原洋菜部会のブロッコリーを買えばよかった」と言われることもあるそうです。またシーズンを通して厳冬期でも葉付ブロッコリーはレギュラーのブロッコリーと同様に鮮度保持フィルムに包んで箱詰めします。ただ葉付用の大きなサイズにフィルムを使用することは、資材費の増加につながるため、コストに見合った鮮度保持効果の高い資材を見極めることも運営委員の重要な役目となっています。

加えて近年では、ブロッコリーの配送に冷蔵車を利用するなど「コールドチェーン」の実現に取り組むことでさらに鮮度の向上をめざしています。しかしその一方で、ブロッコリーを氷詰めにする配送方法は、氷が解ける際に、ブロッコリーの栄養素（水溶性のビタミン類）も流出してしまうことを懸念し、採用していません。つまり、田原集荷センターでは、新鮮なブロッコリーを栄養価の高い状態で消費者に届けることにこだわっています。

部会員を支えるJA愛知みなみの職員

JA職員も部会員と一緒に「㊐ブランド」の構築に取り組んでいます。現在、部会員の栽培技術の相談を受け持っているのが鈴木智氏です。鈴木智氏は、営農指導部に配属されて三年目ですが、部会員の質問に的確に答えられるように、肥料、土壌、病害虫、作物の特性などを日々勉強するほか、部会員から貸与された圃場でブロッコリー栽培も行っています。

そしてこのような知識の蓄積や経験を踏まえ、鈴木智氏は、気象庁が発表する東海地方の気象予報と、予報から想定される防除対策を記した「田原洋菜部会営農情報」を毎月発行し、部会員に配布しています。この営農情報は読者から好評を得ており、「今月のここがよかったよ」「この内容についてもっと教えてほしい」など声が届くそうです。

洋菜部会事務局は田原集荷センター内に設置され、一〇人のJA職員が業務を担当しています。事務局の主な業務は洋菜部会の活動を支えることにあり、総会、反省会、出荷会議の準備や検査業務など多岐にわたりますが、業務改善方法を部会員に提案し、承諾を得て進めていくことも重要な業務です。こうしたなか、最近、業務改善の一環として導入されたのが、収穫のピークを迎える一月初旬から二月初旬の期間は、一日の荷受けを朝と夕方の二回にすることでした。事務局を担当する田中利幸氏によれば、このことによって、部会員は出荷作業スケジュールが組みやすくなるとともに、出荷量も増やすことができるようになったそうです。

田原集荷センターでは、全国三〇の卸売市場と取引があり、センター長の鈴木博孝氏は、情報交換をしながらどの市場に「㊐ブランド」のブロッコリーを卸していくかを日々判断しています。通常、キロ当たりのブロッコリーの相場は午前中に決まり、前日に田原集荷センターから配送された荷の価格が、翌日の午後には判明することから、同センターでは全国の価格を分析しつつ、各市場に部会員から収集した日々の出荷量を伝えています。

鈴木博孝氏は、「『㊐ブランド』のブロッコリーの競争優位は鮮度の高さである」との考えから、洋菜部会のブロッコリーが消費者の食卓に並べられるまでの時間が最短になるように心を砕き、売れ残りが出ないように、市場の販売能力を見定めた出荷を心がけています。

全国的に稲作地域で園芸作物への転換が進み、産地間競争が高まったり、外国産野菜の輸入が増加したりするなか、洋菜部会の部会員やJA愛知みなみの職員は、「『㊐ブランド』を維持しなくてはならない」という危機感が強くあります。そのため洋菜部会では、消費者への販売促進活動にも積極的に取り組んでいます。最近では、一八年二月にJA東京中央会が運営する「JA東京アグリパーク」で三日間のイベントを開催し、洋菜部会運営委員が店舗内外に立ち、消費者と交流しました。出展に当たっては、イベント業者は使わず、全て自前で企画しました。運営委員は、宣伝用パンフレットを作成し、洋菜部会を代表するそれぞれの作物を鉢に植え、店舗入り口前に展示しました。

⑤田原集荷センター　に掲げられたスローガン

またJA東京アグリパークでイベントを開催したのと同じ年、田原集荷センターでは部会員の団結を改めて高めるために「守る品質　築く信頼　一人ひとりが　㊐の力」というスローガンを掲げました。加藤氏はよく筆者に「みんなで一人」と話しますが、この言葉は、五〇年以上にわたって産地化を図り、力を合わせてきた先人たちの「共選共販に対する思い」を表しており、田原洋菜部会の基本哲学でもあります。この精神が部会員、JA職員に代々、受け継がれてほしいと考えます。

（①〜⑤写真提供・加藤由貴夫氏）

第三章　田原市産ブロッコリー

第四章　丹波篠山黒豆

正月のおせち料理に欠かせない黒豆のなかで最高級品とされている品種が丹波黒大豆です。丹波黒大豆の発祥の地とされる兵庫県の旧篠山市（現丹波篠山市）では現在、八〇〇ヘクタールの栽培面積があり（うち一〇〇ヘクタールはエダマメ用）、粒の大きさなど一定の基準を満たした黒豆のみが「丹波篠山黒豆」ブランドとして販売されています。しかし、同ブランドが広く認知されるまでにはさまざまな試行錯誤がありました。ここでは、「丹波篠山黒豆」ブランドがどのように誕生し、築き上げられたのかを、丹波ささやま農業協同組合（以下、ＪＡ丹波ささやま）の取組みなどを中心に紹介することにします。

出典：地理院地図（国土地理院）を加工して作成

丹波黒大豆の大粒化

旧篠山市の黒豆は、江戸幕府に献納されたり、明治時代には宮内省御買上げとなったりしたことで、その品質は全国に知られるようになりましたが※1、一九六六年の兵庫県における丹波黒大豆の作付面積は二二ヘクタールほどしかありませんでした（島原［二〇一五］八四頁※2）。しかし、七一年に減反政策が本格的に実施されると、丹波黒大豆は転作作物として盛んに栽培されるようになりました。同じように、兵庫県以外の京都府、滋賀県、岡山県などにも黒豆栽培が広がりました。

そこで旧篠山市では、他の地域との差別化を図る一環として豆の大粒化に力点を置くことにしました。元兵庫県職員であった島原作夫氏は、旧篠山市の丹波黒大豆が大粒化した要因として、①農家等によって選抜された大粒系統や県農業試験場育成の優良系統が普及したこと、②理想的な圃場であったこと、③篠山町農業協同組合（現在のＪＡ丹波ささやま）が丹波黒大豆の栽培暦の作成や栽培講習会を実施し、黒豆の良品を安定的に生産する技術の普及が役立ったこと、の三点をあげています（島原［二〇一五］九四～一〇三頁）。

図一は、ＪＡ丹波ささやまが組合員に配布している二〇一八年度の栽培暦（丹波篠山黒枝豆栽培こよみ）ですが、この暦では「どの時期にどのような作業内容を行うのか」「病害虫にはどの時期にどのような薬剤を、何回使用するのか」が一目でわかるようにつくられており、今日においても安定的な品質の黒豆を出荷するうえで欠か

①JA丹波ささやま生産総合センター

②生産総合センター内の受付カウンター

せない資料であることがわかります。

※1　丹波黒大豆には、「川北黒」「波部黒」「兵系黒三号」の三系統がありますが、品種としては丹波黒大豆に統一されています。江戸幕府に献納されたのは川北黒、明治時代に宮内省御買上げとなったのは波部黒であり、八九年に兵庫県農業試験場で波部黒の優良品種を選抜した系統が兵系黒三号となります（丹波篠山黒まめ検定委員会［二〇〇八］『これであなたも篠山人　丹波篠山黒まめ検定　公式ガイドブック』五二頁）。

※2　島原作夫［二〇一五］『丹波黒大豆の三〇〇年　大きな粒と歴史の実態』丹波新聞社を参照。

ふっくらと煮えるレシピが起爆剤に

その一方で、煮豆は調理が難しいことから、黒豆の消費は伸び悩んでいました。こうしたなか、自宅でふっくらとした黒豆を煮ることができるレシピ「黒豆の煮方」が朝日新聞（東京本社版・一九七八年一二月二七日付）で紹介されました。同レシピの考案者は料理研究家の土井勝氏であり、当時、朝日新聞の食生活全般担当記者で土井氏を取材した村上紀

図1　月ごとに作業内容や施肥設計、病害虫防除などがわかる「丹波篠山黒枝豆栽培こよみ」

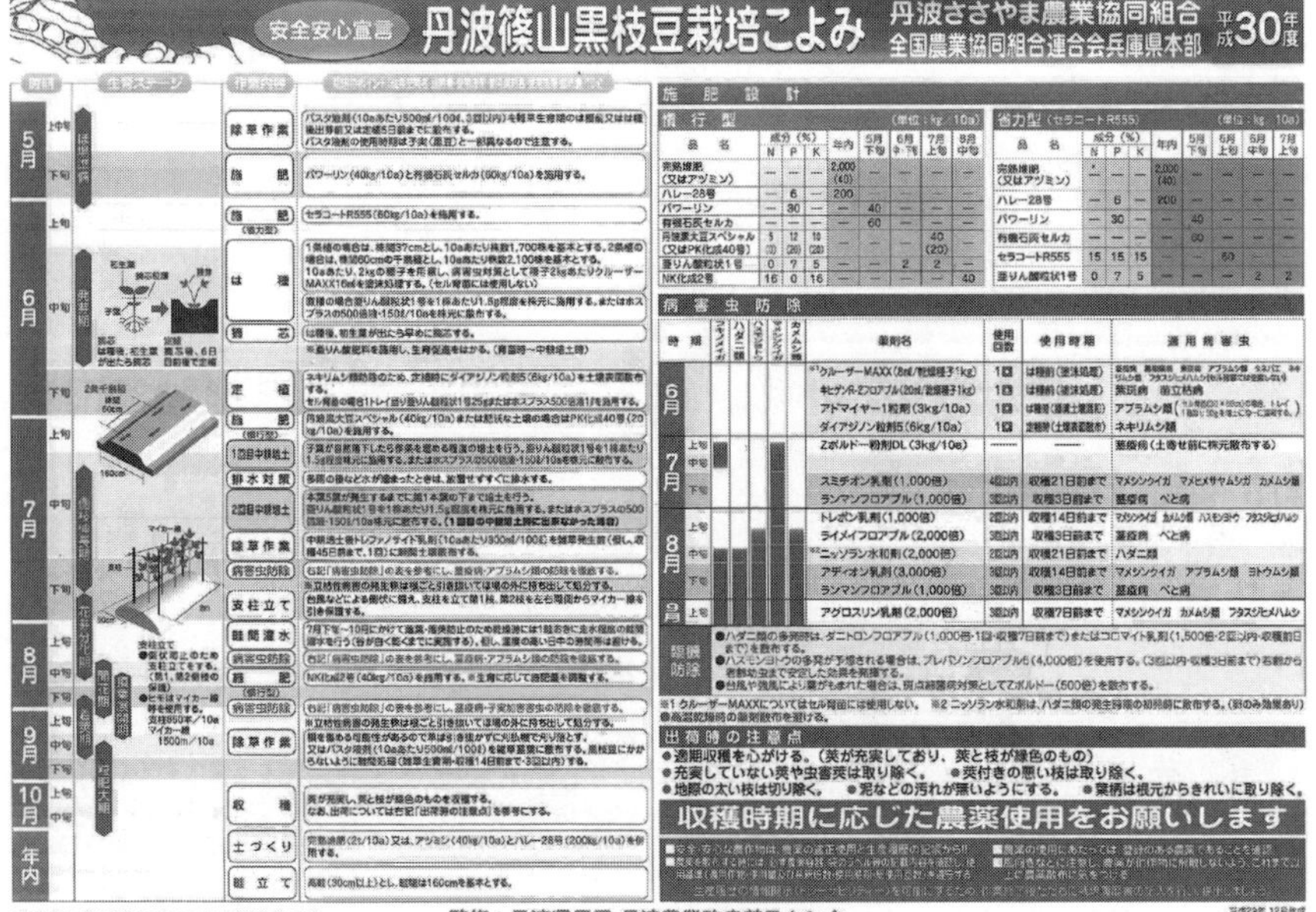

安全安心宣言　丹波篠山黒枝豆栽培こよみ

丹波ささやま農業協同組合
全国農業協同組合連合会兵庫県本部

平成30年度

時期	作業内容	
5月	除草作業	パスタ液剤（10aあたり500ml/100l、3回以内）を雑草生育期のは種前又はは種後出芽前又は定植5日前までに散布する。パスタ液剤の使用時期は子実（黒豆）と一部異なるので注意する。
5月下旬	施肥	パワーリン（40kg/10a）と有機石灰セルカ（60kg/10a）を施用する。
6月上旬	施肥（省力型）	セラコートR555（60kg/10a）を施用する。
6月中旬	は種	1条植の場合は、株間37cmとし、10aあたり株数1,700株を基本とする。2条植の場合は、株間60cmの千鳥植とし、10aあたり株数2,100株を基本とする。10aあたり、2kgの種子を用意し、病害虫対策として種子2kgあたりクルーザーMAXX16mlを塗沫処理する。（セル育苗には使用しない）
		直播の場合重りん酸粒状1号を1株あたり1.5g程度を株元に施用する。またはホスプラスの500倍液・150l/10aを株元に散布する。
	摘芯	は種後、初生葉が出たら早めに摘芯する。※重りん酸肥料を施用し、生育促進をはかる。（育苗時〜中耕培土時）
6月下旬	定植	ネキリムシ類防除のため、定植時にダイアジノン粒剤5（6kg/10a）を土壌表面散布する。
7月上旬	施肥（慣行型）	丹波黒大豆スペシャル（40kg/10a）または肥沃な土壌の場合はPK化成40号（20kg/10a）を施用する。
	1回目中耕培土	
	排水対策	多雨の後など水が溜まったときは、放置せずすぐに排水する。
7月中旬	2回目中耕培土	
	除草作業	
	病害虫防除	右記「病害虫防除」の表を参考にし、…
7月下旬	支柱立て	
8月	畦間灌水	
	病害虫防除	右記「病害虫防除」の表を参考にし、…
	施肥（慣行型）	NK化成2号（40kg/10a）を施用する。
9月	病害虫防除	右記「病害虫防除」の表を参考にし、…
	除草作業	
10月	収穫	莢が充実し、莢と枝が緑色のものを収穫する。なお、出荷については右記「出荷時の注意点」を参考にする。
年内	土づくり	完熟堆肥（2t/10a）又は、アヅミン（40kg/10a）とハレー28号（200kg/10a）を施用する。
	畦立て	高畝（30cm以上）とし、畝幅は160cmを基本とする。

施肥設計

慣行型（単位：kg/10a）

品名	成分（%）N	P	K	年内	5月下旬	6月中・下旬	7月上旬	8月中旬
完熟堆肥（又はアヅミン）	—	—	—	2,000 (40)	—	—	—	—
ハレー28号	—	6	—	200	—	—	—	—
パワーリン	—	30	—	—	40	—	—	—
有機石灰セルカ	—	—	—	—	60	—	—	—
丹波黒大豆スペシャル（又はPK化成40号）	5 (0)	12 (20)	10 (20)	—	—	—	40 (20)	—
重りん酸粒状1号	0	7	5	—	—	2	2	—
NK化成2号	16	0	16	—	—	—	—	40

省力型（セラコートR555）（単位：kg/10a）

品名	成分（%）N	P	K	年内	5月下旬	6月上旬	6月中旬	7月上旬
完熟堆肥（又はアヅミン）	* —	—	—	2,000 (40)	—	—	—	—
ハレー28号	—	6	—	200	—	—	—	—
パワーリン	—	30	—	—	40	—	—	—
有機石灰セルカ	—	—	—	—	60	—	—	—
セラコートR555	15	15	15	—	—	60	—	—
重りん酸粒状1号	0	7	5	—	—	—	2	2

病害虫防除

時期	薬剤名	使用回数	使用時期	適用病害虫
6月	※1クルーザーMAXX（8ml/乾燥種子1kg）	1回	は種前（塗沫処理）	
6月	キヒゲンR-2フロアブル（20ml/乾燥種子1kg）	1回	は種前（塗沫処理）	紫斑病　苗立枯病
6月	アドマイヤー1粒剤（3kg/10a）	1回	は種時（播溝土壌混和）	アブラムシ類
6月	ダイアジノン粒剤5（6kg/10a）	1回	定植時（土壌表面散布）	ネキリムシ類
7月上旬	Zボルドー粉剤DL（3kg/10a）	——	——	茎疫病（土寄せ前に株元散布する）
7月下旬	スミチオン乳剤（1,000倍）	4回以内	収穫21日前まで	マメシンクイガ　マメヒメサヤムシガ　カメムシ類
7月下旬	ランマンフロアブル（1,000倍）	3回以内	収穫3日前まで	茎疫病　べと病
8月上旬	トレボン乳剤（1,000倍）	2回以内	収穫14日前まで	マメシンクイガ　カメムシ類　ハスモンヨトウ　フタスジヒメハムシ
8月上旬	ライメイフロアブル（2,000倍）	3回以内	収穫3日前まで	茎疫病　べと病
8月中旬	※2ニッソラン水和剤（2,000倍）	2回以内	収穫21日前まで	ハダニ類
8月下旬	アディオン乳剤（3,000倍）	3回以内	収穫14日前まで	マメシンクイガ　アブラムシ類　ヨトウムシ類
8月下旬	ランマンフロアブル（1,000倍）	3回以内	収穫3日前まで	茎疫病　べと病
9月上旬	アグロスリン乳剤（2,000倍）	3回以内	収穫7日前まで	マメシンクイガ　カメムシ類　フタスジヒメハムシ

臨機防除
●ハダニ類の多発時は、ダニトロンフロアブル（1,000倍・1回・収穫7日前まで）またはコロマイト乳剤（1,500倍・2回以内・収穫前日まで）を散布する。
●ハスモンヨトウの多発が予想される場合は、プレバソンフロアブル5（4,000倍）を使用する。（3回以内・収穫3日前まで）若齢から老齢幼虫まで安定した効果を発揮する。
●台風や強風により葉がもまれた場合は、斑点細菌病対策としてZボルドー（500倍）を散布する。

※1 クルーザーMAXXについてはセル育苗には使用しない。　※2 ニッソラン水和剤は、ハダニ類の発生時期の初発時に散布する。（卵のみ効果あり）

出荷時の注意点
●適期収穫を心がける。（莢が充実しており、莢と枝が緑色のもの）
●充実していない莢や虫害莢は取り除く。　●莢付きの悪い枝は取り除く。
●地際の太い枝は切り除く。　●泥などの汚れが無いようにする。　●葉柄は根元からきれいに取り除く。

収穫時期に応じた農薬使用をお願いします

兵庫県では、「人と環境にやさしい農業」を推進しています

監修：丹波県民局 丹波農業改良普及センター

平成29年12月作成

子氏によると、「読者から『これまで黒豆はシワがよって硬いものだと思っていたのに、シワ一つなく軟らかく煮えた』と驚きの声がたくさん届いた」※3そうです。

そしてこのレシピの反響がきっかけとなり、兵庫県産の丹波黒大豆の販売先は関西から、八〇年代には関東にも拡大しました（島原［二〇一五］九二頁）。なお、当時の篠山町農業協同組合は、八六年に「特産館ささやま」（レストラン兼直売所）をオープンしましたが、その際、土井氏が経営する料理学校に職員を派遣し、同レシピに基づいた煮豆を提供するなどのタイアップも行われました。

加えて、八〇年になると、容器包装入りの黒豆が発売されるようになったことも、丹波黒大豆の消費拡大に貢献しました。そして二〇〇〇年代以降になると、いわゆる「健康ブーム」を受け、テレビ等で黒豆の効能が幾度となく放送されました。たとえば、二〇一〇年三月末に放送された日本テレビの番組で「黒豆ダイエット」が紹介されたことを受けて、ＪＡ丹波ささやまにも普段の二〇倍の注文が殺到しました※4。

また八〇年代後半には、丹波篠山産の黒エダマメにも注目が集まるようになりました。そのきっかけは、一九八七年にグルメ漫画

④左から営農経済部特産販売課課長　明山敏典氏、営農経済部副部長　小川昌秀氏、営農経済部副部長　上山裕之氏

③1986年にレストラン兼直売所としてオープンした「特産館ささやま」

『美味しんぼ』（原作・雁屋哲、作画・花咲アキラ）で取上げられたり、一九八八年に開催された「北摂・丹波の祭典ホロンピア８８」の「食と緑の博覧会」に黒エダマメが出品されたりしたからです。この認知度の向上により、黒エダマメも旧篠山市の特産品として評価されました[※5]。現在では、毎年一〇月五日を黒エダマメの販売解禁日と定め、販売解禁セレモニー（エダマメ入りの「たる開き」）が行われています。

※3『朝日新聞　朝刊』一九九五年三月九日付。
※4『神戸新聞』二〇一〇年四月三日付。
※5『これであなたも篠山人　丹波篠山黒まめ検定　公式ガイドブック』五三頁を参照。

三回の挑戦で登録された「地域団体商標」

このように黒豆は、朝日新聞の記事や健康ブームなどを受け、生産量も拡大しましたが、ＪＡ丹波ささやまでは、他の栽培地域とどのように差別化戦略を展開していくかが課題となりました。特に、この時期は、外国産の黒豆が出回ったり、他の産地のエダマメなどが「丹波篠山産黒枝豆」として販売されたこともあり[※6]、ブランド化がＪＡでも深刻に受け止められました。そこで「地域団体商標」の登録をめざし、ＪＡ丹波ささやまのあしかけ五年・三度にわたる挑戦がスタートしました。

第一回目の登録申請では、弁理士事務所を通じて、特許庁とやり取りを行いましたが、そこで課題となったのが、「近隣の他府県の人々にも『丹波篠山黒豆』が認知されているか」ということでした。当時、丹波篠山産の黒豆は、卸売り業者や雑穀商には認知度が高かったものの、一般消費者には十分浸透していませんでした。そこで関西圏のテレビやラジオを活用して広告を実施しました。ただ、黒豆だけの広告にすると、一か月間程度の期間で終了するので、「丹波篠山黒枝豆」「丹波篠山山の芋」「丹波篠山黒豆」と収穫期を迎える順に広告を展開しました（このことで四か月間の広告が可能となり、「丹波篠山」という地域名も強調できるようになりました）。また、特許庁からは、申請しているブランドがすでに利用されているかどうかを調査するように要請されました（すでに他の団体が「丹波篠山黒豆」という名称で販売している場合は、登録することはできません）。

第二回目の申請では、JA丹波ささやまで使用している伝票などの帳票類に「丹波篠山黒豆」として記載されていないことが指摘され、「『丹波篠山黒豆』の実績がない」とみなされました。そこで帳票類に「丹波篠山黒豆」とブランド名を統一することなどを経て、三回目にしてようやく地域団体商標に登録されました（二〇一一年）。

地域団体商標の登録の取組みはその後、「丹波篠山牛」（二〇一二年登録）でも実施され、現在では、黒豆、肉牛だけでなく、茶、黒エダマメ、山の芋、コシヒカリ、大納言小豆といった特産品にも「丹波篠山」という地名を付すことで認知度の向上をめざしています。

ただ、地域団体商標登録は、あくまでも偽装防止の手段であり、登録によってプレミアム価格が生まれるわけではありません。また「丹波篠山黒豆」のブランド価値の源泉とは、正月を前に粒（直径・センチメートル以上）の大きな黒豆を一定量揃えられるということにあり、その根底には生産技術の普及に努めた多くの人々の努力であることを忘れてはなりません。

※6『大阪読売新聞』二〇一〇年一〇月六日付。

篠山市から「丹波篠山市」に

二〇一八年一一月、市名変更の賛否を問う住人投票が旧篠山市で実施され、「丹波篠山市」へと変更することが賛成多数で成立しました。この住民投票の結果を受け、旧篠山市は一九年五月から丹波篠山市として新たなスタートを切りました。

ここでいう「丹波」(丹波地域)とは、京都府(福知山市、綾部市、南丹市、京丹波町、亀岡市)と兵庫県(丹波市、篠山市)にまたがる七市町に該当し、これまで丹波地域の自治体は地域活性化の観点から「丹波」という地名を活用することでイメージアップを図ってきました。そうしたなか、二〇〇四年に旧氷上郡六町が丹波ブランドの活用を理由に、丹波市へと変更したことを受け、旧篠山市も議論が高まり、今回の市名変更となりました。

前述したように、JA丹波ささやまは「丹波篠山黒豆」や「丹波篠山牛」を地域団体商標として登録し、山の芋などの特産品にも丹波篠山の地域名を活用しています。そのため、篠山市から丹波篠山市へと変更されたことで、市名が特産物の地域ブランドと一致するようになり、さらなるブランドの強化が図られることが期待されます。

ただ、篠山市議会事務局の資料「『丹波』・『丹波篠山』ブランドの現状」(二〇一七年三月二一日)では「黒大豆枝豆を除き、『丹波』『丹波篠山』ブランドを支える農産物の生産減少のおそれが出てきた」(一四頁)と指摘されるなど、生産者の高齢化や担い手不足といった課題をどのように克服していくかも、ブランドを維持管理していくうえで重要となります。

現在、ＪＡ丹波ささやまでは担い手農家の負担を軽減する取組みとして、「丹波篠山黒豆」に対応した茎から莢を分離する脱莢機の導入費用を助成したり、ＪＡ生産総合センターに選別ラインを導入したりするなどの省力化にも力を入れています。今後とも地域ブランドとしての「丹波篠山黒豆」を支えていくためには、マーケティング戦略に加え、その特産品を支える担い手をいかに確保していくかも重要です。

第五章　しもつみかん

和歌山県海南市下津町は、第一一代・垂仁天皇の勅命により田道間守（たじまもり）が「常世の国」（現在の中国）から不老不死の霊果とされた橘（たちばな）を持ち帰った地であるとの伝承があります。このことから下津町は「日本におけるミカン栽培の起源の地」とされています※1。時代は下り、江戸時代になると紀州徳川家の祖で、八代将軍徳川吉宗の祖父にあたる紀州藩主・徳川頼宣公（一六〇二～一六七一年）が、長峰山脈の北に位置する下津町と南に位置する有田地域でミカン栽培を奨励したことから、下津町と有田地域は全国初のミカンの本格的な商用栽培を行う地域となりました。ただ、下津町は急峻な山々に囲まれているため平地が少なく、土壌も緑色片岩が分布しているため、有田地域のミカンよりも酸味が強いという性質がありました。しかし、このような厳しい栽培環境にもかかわらず、下津町のミカンは「しもつみかん」（温州ミカン）として高く評価されるとともに、二〇一九年二月には農林水産大臣が定める日本農業遺産にも認定されました。

和歌山県海南市下津町

出典：地理院地図（国土地理院）を加工して作成

※1　「しもつみかん」の歴史、土壌の性質、生産技術などについては、ながみね農業協同組合ウェブサイトおよび下津蔵出しみか

んシステム日本農業遺産推進協議会資料を参照。

生産量が少ないという逆境をバネに

下津町の土壌は緑色片岩が分布しているため、有田地域と比較すると、土壌酸度や土壌のなかのカリウム、マグネシウム、石灰といった塩基（酸を中和する物質の総称）の割合を示す塩基飽和度が低く、養分を保持する能力が低いという性質があります。また、下津町は平地が少ないことから、生産量を増やすことには限界がありました。このように不利な条件が重なった場合、一般的には生産規模の大きな地域との統合や連携、有力なブランドの傘下に入ることによって生き残りをめざすことが選択肢として考えられます。しかし、下津町は、あえて独自のブランドを構築する戦略を採用することを選択しました。ここでは、収穫から出荷までのプロセスを概観することで、その独自性を検討します。

「予措」が凝縮した甘みを生み出す

和歌山県のミカン栽培は、一一月に収穫のピークを迎え、年内に出荷する早生（わせ）温州の栽培が主流ですが、下津町では一二月に収穫する晩生（おくて）温州の栽培に力を入れてきました。ただ、下津町で収穫される晩生温州は、酸味が強く、果皮や薄皮も厚く硬いため「食べにくい」とみなされていました。そのため同地域では、先人たちが収穫したミカンを抗菌作用がある杉の貯蔵箱に入れ、土蔵（貯蔵庫）で貯蔵する方法を編み出しました。土蔵に貯蔵することで、「しもつみかん」は酸味が弱まり、酸味と甘みのバランスがよくなるとともに、市場で流通するミカンが減少する「年明け」に出荷することができるため、高値で取引されるというメリットが期待できます。ただ、土蔵による貯蔵は、かなりの手間がかかる作業でもあります。

はじめに、農業者は収穫したミカンを貯蔵箱に入れ、「予措（よそ）」というひと手間をかけます。予措とは、土蔵の出入口を開け、北風にミカンをさらすことであり、果皮を乾燥させ、呼吸量を抑制させることで、貯蔵に伴う劣化を最小限に食い止めることを目的とします。予措は二週間ほど行われ、農業者は新鮮な空気を毎日土蔵内に取り入れます。

土蔵の基本的なつくりは木造、土壁、瓦屋根であり、畑ごとに設置されています。畑ごとに土蔵が配置されてきた理由の一つは、栽培地域が急斜面にあり、今日のように道路が舗装されていなかった時代には、収穫したミカンをすぐに選果場まで運搬することが難しかったためと考えられています。土蔵が木造であり、土壁を使用しているからこそ、内部の温度と湿度を一定に保つことができ、農業者は室温五～八度、湿度八五％を目安に維持管理します。下津柑橘部会部会長の岡畑浩二氏は「土蔵内の気温差を最小限にするため、重さ一〇キロもの貯蔵箱を定期的に配置換えする農業者もいる」と話します。貯蔵期間は、海岸線に近い畑は一か月ほどですが、山地

①「蔵出ししもつみかん」の生産に欠かせない土蔵（貯蔵庫）

②左から下津柑橘部会副部会長　岡本芳樹氏、同部会長　岡畑浩二氏

側の畑は四～五か月ほどと、地区によって大きな差があります。予措が行われることでミカンの重量は三～五％減少するうえ、貯蔵管理に細心の注意を払っても、一割ほどは腐敗などの理由で出荷できなくなるそうです。ただ、これらの手間のかかる作業を経ることで酸味がまろやかとなり、凝縮された甘みを感じることができる「蔵出しみかん」となります。

出荷時期を迎えた「しもつみかん」は貯蔵箱からコンテナに移され、「蔵夢」という愛称のしもつ総合選果場に運ばれます。選果場では、まず傷んだミカンなどを手作業で取り除いた後、外観計測カメラとシトラスセンサーが設置されたレーンに通されます。外観計測カメラでは、大きさ、色、傷など、シトラスセンサーでは、糖度、酸度などが解析され、「赤秀のＭ」「青秀のＬ」などの等階級ごとに区分されて、市場に出荷されます。選果場は、極早生が出荷される九月末から翌年の四月まで稼働し、年間六千トン前後が処理されます（最盛期は二〇キログラム入りのコンテナ五千個を一日で処理します）。

③杉箱の中で甘みが凝縮する「蔵出ししもつみかん」

④温度と湿度を一定に保つ土蔵

糖度の違いを強調したブランド戦略

和歌山県海南市下津町で生産されたミカンはすべて「しもつみかん」（「地域団体商標」を二〇〇六年に取得）というブランドを名乗ることができます。そのため貯蔵しない極早生ミカンもその名を使うことが可能です。そこで、ながみね農業協同組合（以下、JAながみね）では、土蔵で貯蔵された「しもつみかん」は「蔵出ししもつみかん」、蔵出しのなかでも糖度が一二度以上を「雛（ひな）みかん」、一三度以上を「ひかえおろう」という特別なブランド名で販売しています。「雛みかん」は、ひな人形の花飾りである「左近の桜、右近の橘」にちなんで命名されており、JAながみねは毎年一月中旬の「雛みかん」の初出荷の日に蔵夢で販売促進祈願祭を執り行っています。斎主は「ミカンとお菓子の神様」を祭る橘本（きつもと）神社の宮司であり、JAながみね、和歌山県、海南市、和歌山県農業協同組合連合会の関係者が葵の御紋の入った揃いの法被（はっぴ）にそでを通し、神の恵みのあることを祈願します。そして一月下旬には、JAながみねの直売所「とれたて広場」で、大阪、東京、北海道などの主要な出荷先でPRを実施する「しもつみかんキャンペーン隊」の結団式が実施

⑤年間6千トンの「しもつみかん」を処理するしもつ総合選果場「蔵夢」

⑥選果場の外観計測カメラとシトラスセンサー

されます。「雛みかん」と「ひかえおろう」を創設した理由は、糖度が一度上昇すると一〇キログラムで約千円の価格差が生じるという市場特性への対応と、農業者の所得向上を図るためです。なお、「雛みかん」は「しもつみかん」全体の五パーセント、最高級の「ひかえおろう」は全体の一パーセントと「幻のような存在」であり、取り扱う店舗は限られているそうです。

さらなる認知度の向上をめざして

歴史的に温州ミカンは高度経済成長を追い風に全国的に生産量が拡大しましたが、一九六〇年代後半から七〇年代初頭の価格の暴落を契機に、園地の転換などが進行することとなり、品質のよい産地が生き残りました。また、七〇年代までは全国的に年明けミカンの出荷量が多かったのですが、その後は「手間がかかる」との理由から、次第に早生の栽培が主流となりました。

しかし、このような市場環境の変化は、「蔵出ししもつみかん」にとっては「追い風」となり、年明け市場で生き残るとともに、「しもつみかん」全体のプレゼンスを高めることができる要因の一つにもなりました。今日の年明けミカンを出荷している産地のなかには、

⑦「雛みかん」の初出荷日に執り行われる販売促進祈願祭

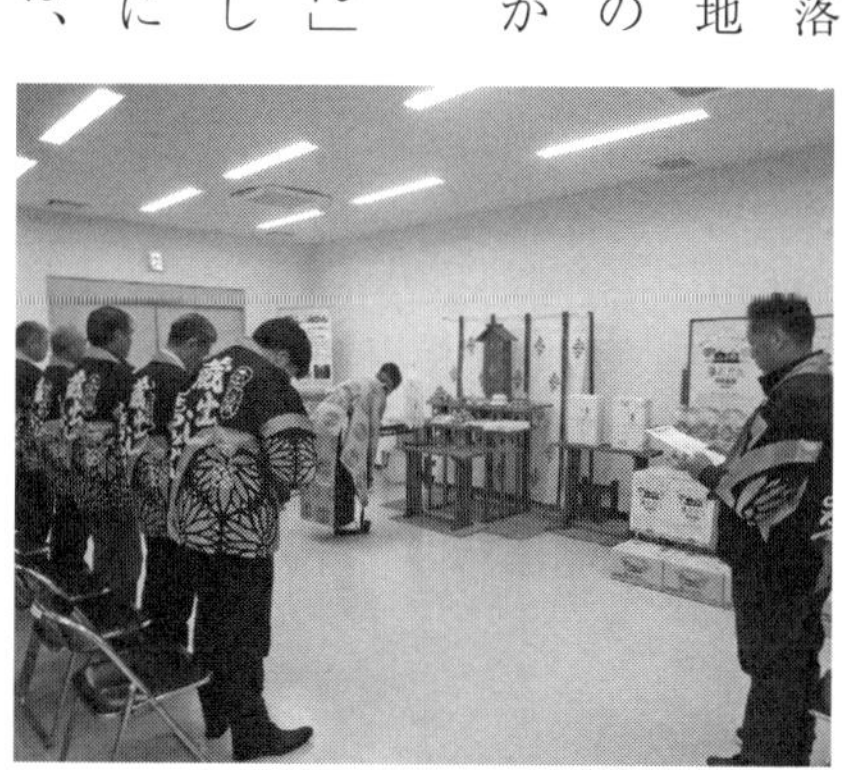
⑧紀州徳川家にちなんで葵の御紋がデザインされた販売促進祈願祭用の法被

適切な温度管理が行われる施設で貯蔵し、効率化が図られている産地もあります。しかし、下津町ではあくまでも農業者による昔ながらの土蔵での貯蔵にこだわっています。その理由は、①電力を使わないため環境負荷が少ない、②園地内で貯蔵するために収穫効率が高まる、といったメリットに加え、「しもつみかん」の歴史を消費者に理解してほしいという農業者の思いがあるからです。そして、この「非効率性」が「下津蔵出しみかんシステム」として日本農業遺産の認定を受けたことでもわかるように、「しもつみかん」におけるプレミアムの源泉となっています。下津柑橘部会副部会長の岡本芳樹氏は「しもつみかんの生産は、非効率であっても、これからもずっと土蔵による貯蔵を残していきたい」と話すように、今後も非効率性を追求することで他産地との差別化を図ることをめざしています。

なお、栽培の技術指導については、農業者の多くは四～五代目であり、多くの農業者が親から栽培技術や貯蔵技術を学んでいます。一方、ＪＡながみねは、ミカンの栽培地域を四つの地区に区分し、営農指導員をそれぞれの地区に配置しています。営農指導員は代々の農業者と関係性の強化を図っていますが、なかでも特に二月の冬の剪定や六月の摘果（成熟していない段階で実を間引くこと）の時期には、各農業者のもとに出向き、農協で作成した防除暦をもとに害虫や病気への対応、施肥などについてもきめ細かく指導しています。この際、重要な資料となるのが出荷時に選果場の外観計測カメラやシトラスセンサーで測定したデータであり、標高差や日照時間の違い（日表と日裏）など、それぞれの畑の特性を踏まえた提案を行っています。

下津町のミカンづくりは、他の地域と比較し、栽培条件は決して恵まれた地域ではありませんでした。しかし、農業者一人ひとりが予措作業や土蔵内の温度と湿度を管理することで出荷時期を年明けへとシフトしたり、小規模な産地であるがゆえに、自らの伝統を第三者に評価してもらう取組みに尽力したりするなど、限られた経営資源の中であらゆる努力を図ってきました。このことが、今日の「しもつみかん」ブランドを支える原動力となっており、ＪＡながみねの取組みは、農産物のブランド化とは、必ずしも有利な栽培・生産条件から生み出されるわけではなく、農業者一人ひとりの努力がプレミアム性を高めるということを我々に教えてくれます。

第六章　東京牛乳

二〇〇六年、「東京牛乳」の販売がスタートしました。同牛乳の特徴は東京都酪農業協同組合（本所・東京都西多摩郡瑞穂町。以下、東京酪農）の組合員である多摩地域の酪農家が生産した生乳だけを原料としていることです。発売当初は、東京都に牧場があることが一般の人々に知られていなかったため、その意外性に注目が集まりましたが、ほどなく多くの消費者が「牛乳ってこんなにおいしいんだ」というように、大手乳業メーカーの牛乳とは一線を画した味わいが人気となりました。現在、「東京牛乳」は都内の大手スーパーで販売されたり、さまざまな食品メーカーが飲料や洋菓子などの原料に採用したりするなど、その認知度はかなり高まっています。

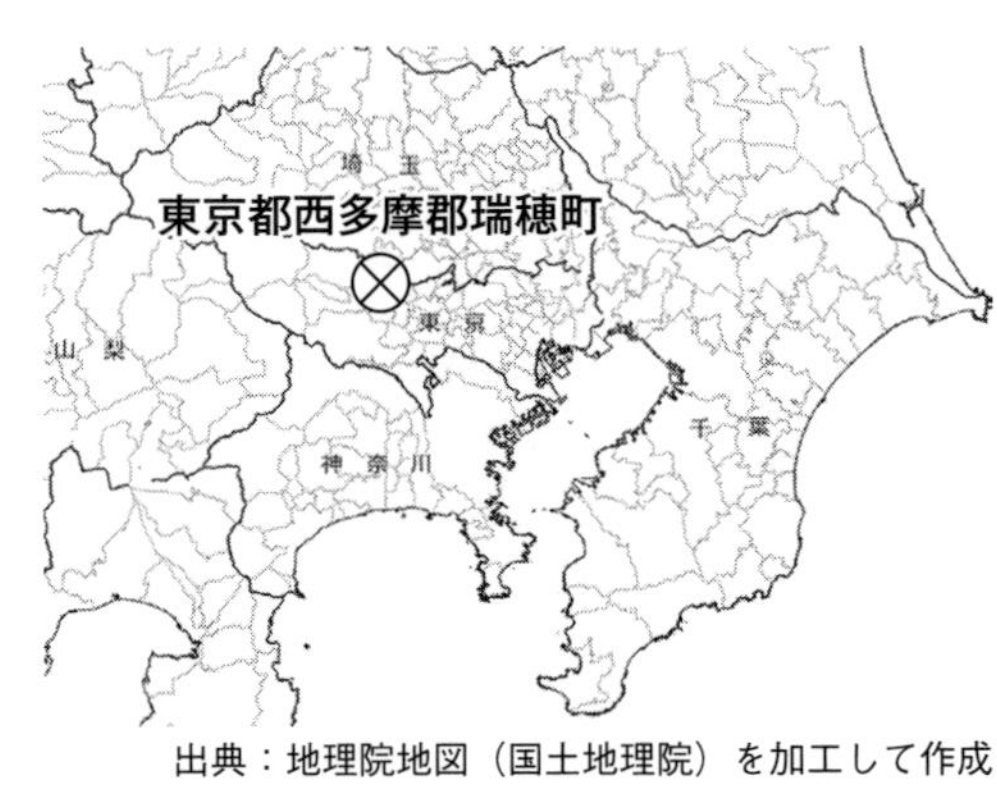

出典：地理院地図（国土地理院）を加工して作成

しかし、「東京牛乳」の味わいの根底には一九七〇年代に開催された若手酪農家の自主的な勉強会や、都市化の波に適応しながら、家族の一員のように乳牛を育てている酪農家の努力があることはあまり知られていません。

以下では、「東京牛乳」に込められた酪農家の思いをみてみましょう。

「きれいな牛を消費者にみてもらおう」

明治維新後、現在の東京都区部内には、欧米文化の流入に伴い、多くの牧場が相次いで設立されました。しかし時代とともに都区部が都市化されるようになると、酪農の中心地は多摩地域へと移りました。

東京都の酪農家が所属する農業協同組合は現在、東京酪農のみですが、高度成長期には五つの酪農農業協同組合がありました。わが国では当時、「食の洋風化」が急激に進んだことから牛乳の需要が拡大し、乳価も上昇しました。そのため若手酪農家は、経営規模の拡大や、乳質の品質向上を図るため、組合の枠を越えた自主的な勉強会を開催しました。

東京酪農の組合長を務める平野正延氏は、当時の勉強会に積極的に参加し、他の酪農家と交流を深めていたそうです。この勉強会はその後、若手の酪農家たちが所属する組合を横断した組織「多摩ホルスタイン改良同志会」（以下、同志会）へと発展しました（一九七

①東京酪農

②組合長　平野正延氏

一年設立)。

ただ同志会が発足した頃には、東京都の多摩地域でも都市化が急速に進行し、牧場の近くにまで住宅が押し寄せました。すると地域の人々から、牛の糞尿のにおいに関する苦情が相次ぎました。そこで若手酪農家たちはさまざまな観点から対策を話し合うなか、「乳牛共進会に消費者を呼んで、一緒にきれいな牛をみてもらおう」という案が出てきました。ここでいう「乳牛共進会」(以下、共進会)とは、青梅市にある東京都畜産試験場(現在の公益財団法人東京都農林水産振興財団青梅畜産センター)で開催される酪農家の乳牛のコンテストであり、この会場に消費者を呼び、酪農業を理解してもらおうと考えました。

そこで若手酪農家たちは、事務局を立ち上げ、消費者に楽しく過ごしてもらうためのアイデアを出し合い、①野菜の即売、②搾乳体験、③子どもたちに牛の絵をかいてもらう、という三つのイベントを企画しました。

③青梅畜産センターで開催される「乳牛共進会」

企画が決まると、事務局は共進会のチラシを作成し、地域の人々に配布しました。共進会の開催は日曜日でしたが、地域の人々が初めて参加した共進会は好評のうちに終了しました。ただ、搾乳体験に参加した子どもたちから「この牛の牛乳は飲めないの?」と聞かれたことが酪農家の心に残り、「いつか飲ませてあげたい」と考えるようになりました。

なお、当時の都内の酪農農業協同組合はそれぞれ異なる乳業メーカーに出荷していました。また、東京都産の生乳は生産量が少ないため、各乳業メーカーは他県産の生乳と合わせて牛乳を販売していました。

組織再編で実現した「生乳の地産地消」

一方、一九九〇年代になると、酪農乳業界の組織再編が進みました。まず、東京都内では経営の効率化を目的に、九六年に三つの酪農農業協同組合が合併し、東京酪農が誕生。翌九七年にはさらに二つの酪農農業協同組合が東京酪農に加入したことで東京都全域が管内（事業活動を行う範囲）となりました。

また九九年には「指定生乳生産者団体」の一つである関東生乳販売農業協同組合連合会（以下、関東乳販連）が設立され、東京酪農も同連合会に加入しました。指定生乳生産者団体とは、酪農家から生乳の委託販売を受け、乳業メーカーと生乳の価格について交渉する組織のことであり、生乳は「腐敗しやすく、貯蔵することが難しい」ために、酪農家が価格交渉で不利な立場に立たされることを防ぐ役割があります。

関東乳販連が設立されたことでこれまでの配送ルートが見直され、東京酪農の組合員の生乳は、東京都西多摩郡日の出町にある協同乳業株式会社（以下、協同乳業）の工場に出荷されることになりました。

これらのことがきっかけとなり、協同乳業は東京酪農に「生乳の地産地消」を提案。この提案を実現するために東京酪農、協同乳業、関東乳販連の三者が連携して、さまざまな検討を開始しました。

まず、地産地消の牛乳の品質を特徴づける成分基準を定めました。その基準とは、①乳脂肪分三・七パーセント以上（七～九月の夏場は三・六パーセント以上）、②無脂乳固形分八・五パーセント以上（七～九月の夏場は八・四パーセント以上）、③一ミリリットル当たりの体細胞数が二〇万個以下、④

一ミリリットルあたりの細菌数が一万個以下、の四つです。牛乳の成分は、水分、乳脂肪分、無脂乳固形分（たんぱく質などが含まれます）で構成されますが、乳脂肪分と無脂乳固形分は、乳牛の食欲のなくなる夏場に低下する傾向にあります。そのため①、②の基準をクリアすることは酪農家にとって容易ではありませんが、この基準をクリアした生乳だけでつくられるからこそおいしさが担保されるといえます。

また集乳については、各酪農家が毎日生産する生乳の成分や乳量をもとに集荷ルートが決められ、「ローリー」と呼ばれる小型集乳車のなかで生乳が混合されて、協同乳業に出荷されることになりました。

二〇〇六年には商品のサンプルが完成し、平野氏が試飲してみたところ、「これならいける」と直感したそうです。東京都産の生乳だけを使用した牛乳は、「東京牛乳」と名付けられ、同年一〇月に販売が開始されました。すると、東京都産の牛乳という意外性や珍しさから話題を呼び、テレビ局などから取材を受けました。また東京酪農もさまざまな機会を捉え、「東京牛乳」をアピールしました。

そして二〇一三年に横浜市で開催された「ワールドデイリーサミット（世界酪農サミット）」に「東京牛乳」を出展すると、人気投票では第二位、牛乳部門では第一位に輝きました。ただこの快挙を報じたのが業界専門誌のみだったことから、平野氏は地元の西多摩新聞社に連絡し、記事を掲載してもらいました。すると、その後、大手新聞社が取材に駆け付け、ＮＨＫなどでも報道されました。このようなパブリシティの向上によって「東京牛乳」は次第に都内の百貨店、スーパーや一部のコンビニエンスストアでも取り扱われるようになりました。

「東京牛乳」の認知度が高まると、食品メーカーなどから「東京牛乳を原料に使用したい」という依頼を受け、「東京牛乳サブレ」「東京牛乳ラスク」といった商品も相次いで販売されました。

「東京牛乳」を支える酪農家

「東京牛乳」の原料となる生乳を生産する酪農家は、農地の広さなどの制約から、飼育頭数を増やすことが難しい状況にあります。しかし、それだからこそ、乳牛一頭ずつの日々の体調の変化に目を配り、費用を考慮に入れつつも、それぞれの乳牛の健康状態に合わせた飼料を与えています。ここでは日野市のモグサファームと、八王子市のおまた牧場を紹介します。

（一）モグサファーム

日野市でモグサファームを営む大木聡氏は、二〇頭前後の経産牛（乳を生産している牛）を飼育しています。牛舎が道路に面した住宅街のなかにあるため、地域の人々はいつでも牛舎のなかを窺うことができます。そのため衛生管理を徹底することに力を注いでいます。また、乳牛が快適に過ごせるように、ゴムマットや体が傷つかないように敷料におが屑を用いています（おが屑を朝晩取り替えることで、牛舎を清潔に保つことができます）。さらに「馬柵棒（ませんぼう）」と呼ばれる柵に取り付ける横木を取り払い、牛が動ける範囲を広くすることでストレスの軽減を図っています。

④モグサファーム（東京都日野市）

飼料はわらや配合飼料のほかに、大手酒造会社がビール生産に使用した麦の搾りかすを与えています。そのためモグサファームが生産する生乳は無脂乳固形分が高く、甘みがあります。また乳牛の体にはつやがあり、さまざまなコンテストで上位入賞を果たすほどの実力があります。

筆者が訪問した時は、三頭の子牛が道路に面した場所で飼育されていました。大木氏は、「都市で酪農業を営むうえで重要なことは、牛が人を恐れないようにすることである」と話し、地域の人々を見ても子牛が驚かないように少しずつ環境に慣らしていました。

地域の人々も住宅街にある牧場に興味があり、出産時には道路側から固唾を呑んで見守る人や、生後間もない子牛が自らの足で懸命に立とうとする姿を見て、「頑張れよ。俺もリハビリ、頑張るから」と声をかける人もいます。このように牧場は地域の人々に感動や勇気を与えるからか、自治会の人々は「牧場は地域の宝である」というそうです。

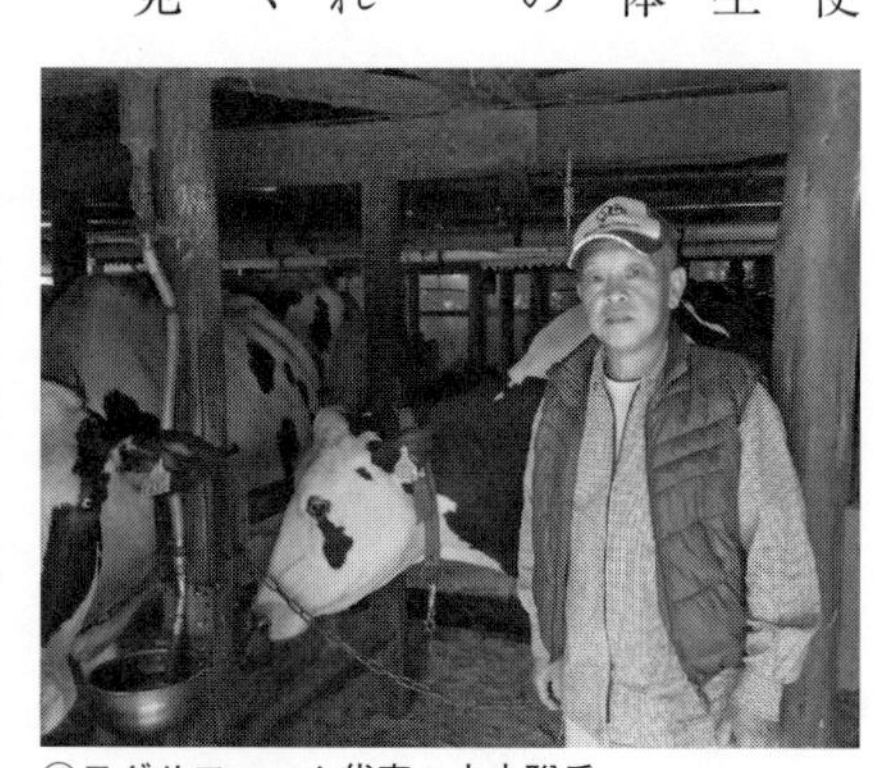
⑤モグサファーム代表　大木聡氏

⑥モグサファームの子牛

（二）おまた牧場

おまた牧場もモグサファームと同じように八王子市の住宅街にある牧場です。経営者の小俣行弘氏が心がけていることは地域との共生であり、周囲に迷惑が掛からないように牛舎を清潔に保つことに注力しています。

また小俣氏は、「乳質を高めるためには牛が健康であることが重要」と話すように、できる限り牛のストレスを軽減する対策を取っています。具体的には妊娠、出産、搾乳を繰り返す乳牛に体を休めてもらいたいという配慮から、牛舎とは別にリフレッシュスペースを設けています。同スペースは、主に出産前の乳牛が利用する場所であり、ここでゆっくり過ごすことで産後の肥立ちを良くしてほしいと考えています。また出産後は餌をしっかりと食べているかどうかも細かく観察し、体調が思わしくない場合は、引き続き体力が回復するまでリフレッシュスペースで養生させます。

乳牛の種付けは、一般的には出産後六〇から一〇〇日の間に行うことが理想とされており、場合によってはホルモン剤を投与することで乳牛の性周期を人為的にコントロールすることもあるそうで

⑦おまた牧場（東京都八王子市）

⑧おまた牧場代表　小俣行弘氏

す。しかしおまた牧場では、「牛は機械ではない」との考えから、乳牛一頭ずつのそれぞれの自然のサイクルに従い、無理な繁殖を行わないようにしています。

加えて、おまた牧場では、乳牛の健康診断である「牛群検定」やゲノム検査など、さまざまなデータに基づき、一頭ごとの体調管理にも取り組んでいます。「東京牛乳」のおいしさは、酪農家の乳牛に対するきめ細やかな愛情と、後述するように東京酪農の支援によって支えられています。

⑨リフレッシュスペースの乳牛

「東京牛乳」ブランドを存続させるために

東京酪農は、「東京牛乳」の存続のため、北海道十勝平野の北東部に位置する本別町農業協同組合及び全国酪農業協同組合連合会と預託契約を結んで、乳用育成牛の預託事業を行っています。そのスキームは次の通りとなっています。

預託事業の利用を希望する組合員は原則、東京都の牧場で生まれた生後七か月齢以上の子牛を、北海道の預託牧場に預けて育成してもらい、分娩予定日の二か月前に自身の牧場に返還してもらうという仕組みであり、東京酪農は育成牛を預託牧場に輸送する際の運賃の一部を助成しています。

大木氏によると、この預託牧場は「餌の場所、水飲み場、寝床が離れていて、常に運動をしなくてはならない仕組み」となっており、しっかりした体格の乳牛に成長して、東京に戻ってくるそうです。そのため東京酪農の組合員は、子牛や成牛の管理に集中することができます。

この取組み以外にも、東京酪農では「東京牛乳」ブランドの価値をより確固たるものとするため、「地域団体商標」に申請し、二〇一七年三月に登録されました。東京酪農はこのロイヤリティ料を組合員への各種助成の原資に活用しているため、ロイヤリティ料が増加することは、さらなる乳牛の健康増進につながることとなります。

一方、「東京牛乳」が、将来にわたって存続していくために欠かせないことが後継者の育成です。青年部には現在、一五名が所属しており、牛の改良についての勉強会や牧場視察研修などに加え、最近では東京食肉市場や全国酪農業協同組合連合会の飼料施設の視察など、酪農に関連する川下・川上産業を見学しています。酪農経営は飼料価格に左右されたり、都市化に対応したりするなど、厳しい経営環境ではありますが、東京酪農は後継者が夢を持って酪農を続けられる環境を整えていくことに尽力しています。

（③写真提供・東京都酪農業協同組合）

第七章　大山乳業の白バラ牛乳

鳥取県東伯郡琴浦町に本所工場を置く大山乳業農業協同組合（以下、大山乳業）は「白バラ牛乳」を生産する組合として鳥取県内外の消費者に長年親しまれています。同組合は、基本理念「あなたへ贈る白の一滴、心の一滴―酪農家の心を食卓へ―」にあらわされるように、生産・処理・販売の一貫体制を構築するとともに、組合員である酪農家や消費者と対話を重ねてきました。

このことが品質（乳質）を高める原動力となり、二〇一八年五月には、週刊誌『週刊文春』で「白バラ牛乳」が「日本一老けない牛乳」として紹介されるなど、高い評価を得る結果となりました。ここでは、大山乳業の品質向上の軌跡をたどることにします※1。

※1　所属・肩書は二〇一八年八月に取材をした当時のものです。

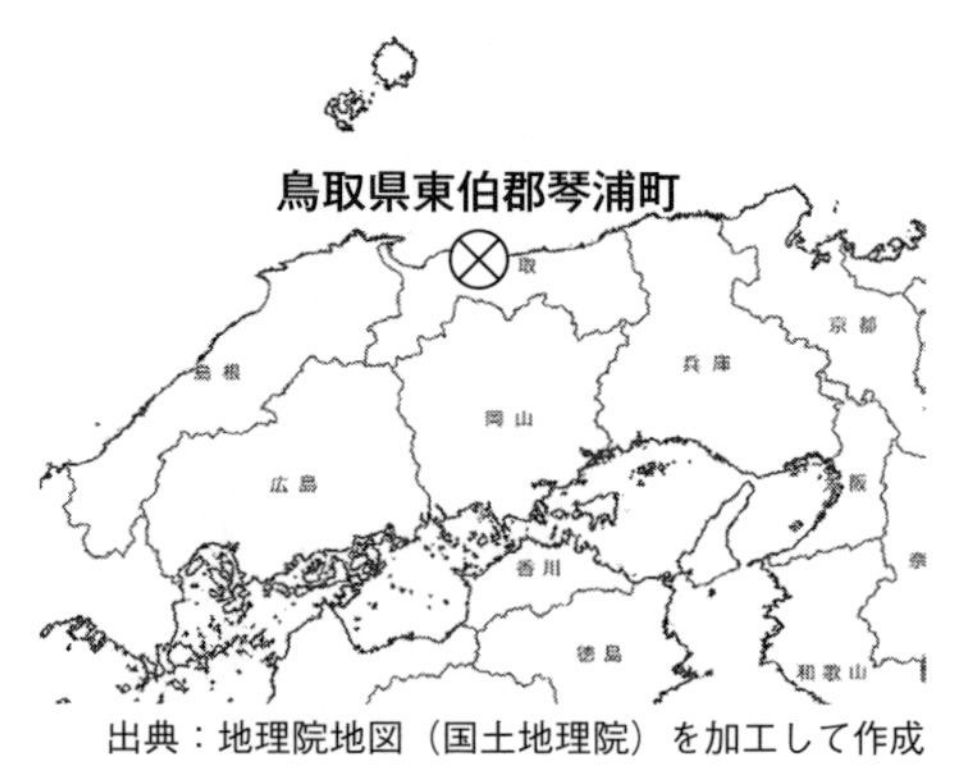

出典：地理院地図（国土地理院）を加工して作成

酪農家によって設立された農協

大山乳業のルーツは伯耆（ほうき）酪農組合にさかのぼります※2。伯耆酪農組合は、大手乳業メーカーによる乳価の引下げなどに対抗するため桑本太喜蔵氏を中心に五町村・三二人の酪農家が発起人となって一九四六年に設立された任意組合であり、「農民自らが出資して、牛乳の生産、処理、加工及び販売の一貫体制を築き、組合員の利益擁護を図る」ことを基本理念としました。設立当初の工場は五〇平方メートルの広さでしたが、四七年には増資を行って二一二平方メートルの工場と四三平方メートルの事務所を備え、牛乳のほかに練乳の製造もスタートしました。

一九五〇年には、組合員数の増加や設備の拡充を図るため、任意組合から農協法人へと改組し、「伯耆酪農農業協同組合」（以下、伯耆酪農農協）となりました。この時期は増え続ける生乳に対し、どのように販路を構築していくかが最大の課題となり、加糖練乳（五一年）、キャラメル（五二年）、粉乳やアイスクリーム（五七年）の製造を相次いで開始し、製品ラインナップを広げるとともに、一九五九年には大阪市に半額出資の伯耆酪農商事株式会社を設立するなど、宅配ルートの拠点づくりも進めました。

ただ事業を展開していくなかで、県外の人々が「伯耆」という文字を読むことは難しく、認知度もなかなか向上しないことから「白

①大山乳業

②大山乳業の本所工場

バラ印」の商標を使い始めました。そして一九六六年、伯耆酪農農協は県内の美保酪農農業協同組合、東部酪農農業協同組合と合併し、大山乳業が誕生しました（初代組合長には桑本氏が就任しました）。

一九五〇年代から七〇年代は、食品公害が全国的な社会問題となり、不必要な添加物を使用しないように求める市民運動が活発化した時期でした。そのようななか、一九七〇年頃には大手乳業メーカーの牛乳にヤシ油が混入しているという疑惑が浮上し、「本物の牛乳が飲みたい」という消費者の声が高まりました。この疑惑を契機に京都生活協同組合は大山乳業と取引を開始、プライベートブランドとして牛乳を出荷しました。

③大山乳業初代組合長を務めた桑本太喜蔵氏の像

また一九七〇年代半ばは、スーパーが全国に展開されるようになったことに対応するため、各メーカーはこれまでの牛乳びんによる宅配事業を縮小し、一リットル用の紙容器を相次いで採用しました。しかし、大山乳業は「農民自らが製品の最終責任を持つ」という考えのもと、宅配販売事業の拡大・拡充に取り組みました。このような生協ルートと宅配ルートは、現在でも県外の消費者に白バラブランドの価値観を届ける主要なチャネルとなっています（二〇一七年のチャネル別売上シェアは、販売店による宅配が二二パーセント、生協が三〇パーセントとなっています）。

一方、大山乳業は一九九八年、消費者との対面の機会を増やすため、大山のすそ野にレストラン、直売所、体験研修施設を併設した「大山まきばみるくの里」をオープンしたり、近年ではコンビニエンスストアなどと提携することで商品開発を進めたりするなど、時代に合わせた新しい取組みにも挑戦しています。

※2　大山乳業の歴史は、大山乳業農業協同組合［一九九六］『大山乳業五〇年の歩み』を参照。

「白バラ牛乳」のおいしさを支える「乳牛の健康診断」

桑本氏の後を引き継ぎ、組合長に就任した入江浩氏はよく組合職員に「原料にまさる製品はない」と話していたそうです。これは「生乳がおいしいと、牛乳は当然おいしい」ということであり、おいしい牛乳を製造するためには、生乳の品質を高める体制づくりが何よりも重要であることを意味しています。

そのため大山乳業酪農指導部（職員二五名、うち獣医師は五名）では、組合員にきめ細やかに対応するため鳥取県を東部、中部、西部の三地域に分け、各地域ごとに担当者を割り当てています。酪農指導部は組合員にさまざまなアドバイスを日々行っていますが、生乳の品質を高めるうえで特に力を入れているのが、「牛群検定」です。

牛群検定とは、一頭ごとの乳量や乳成分の計測を行うことであり、「乳牛の健康診断」と表現されます。具体的には、酪農指導部職員は月に一度、牛舎を訪れて朝または晩の搾乳に立ち会い、全頭

④酪農指導部次長　今吉正登氏

⑤人山乳業酪農指導部の皆さん

の生乳を採取します。採取した生乳は大山乳業から家畜改良事業団へ送られ、乳成分の分析等が行われます。そして注目すべきはこの検定にかかる費用の一部を大山乳業が負担していることです。このような手厚いサポート体制があるため組合員である酪農家が飼育する乳牛の受診率は九割を超えています。

また搾乳した乳を冷却用タンクに自動送乳するパイプラインミルカーの定期点検も酪農指導部が担当しています。点検の際、職員はパイプラインミルカーが正しく洗浄されているかという点に気を配っており、洗剤の濃度は正しいか、泡で洗浄できているか、などもチェックし、点検結果を組合員に知らせることでさらなる質の向上をめざしています（定期点検についても大山乳業が組合員に補助金を支出しています）。

加えて酪農指導部内には、専門的な課題に対処するため「飼養管理指導チーム」「経営コンサルチーム」「自給飼料支援チーム」があります。このうち、飼養管理指導チームが取り組むテーマは、牛舎の環境改善や酪農家の作業の負荷軽減・効率化など、牛と人にとって快適な酪農をめざすことにあります。そしてここでいう牛舎の環境改善とは、具体的には牛が寝起きするマットやエサを食べる場所で

⑥「乳牛の健康診断」と表現される牛群検定のようす

⑦左から販売部次長　堀雅之氏、総務部企画室係長　福井大介氏

ある飼槽などの改善のことです。

たとえば、飼槽の素材には通常、タイルやコンクリートが使用されていますが、牛の唾液が強アルカリ性であることからよく穴が開きました。その穴にはエサが入り込み、エサの食べ残しや、掃除の手間につながっていました。そこで飼養管理指導チームは、飼槽に御影石を導入する取組みを支援することとし、業者（石材店）の選定、飼槽設置スペースの測量、御影石設置、補助金申請のための資料作成などのサポートを実施しました。導入後は、乳牛が餌をよく食べるようになり、掃除が楽になるなど、「もっとはやく使っておけばよかった」と酪農家から感謝されたそうです。また、牛舎の温度上昇を抑えるため屋根に遮熱塗料であるドロマイト石灰の塗布や、換気扇の設置位置などについても職員がアドバイスを行っています。

このような酪農家と酪農指導部のさまざまな努力により、大山乳業の生乳の体細胞数は一ミリリットル当たり平均一五・五万個と、全国平均の約二四万個よりも低い水準を維持しています。ここでいう体細胞とは白血球と乳腺上皮細胞のことであり、体細胞数が多くなると、①苦味や塩分の強い牛乳になる、②生乳の劣化が早くなり、食中毒の原因にもなる、③ヨーグルトに加工する場合は、歩留まりが悪くなる、ことになります。そのためおいしい牛乳を生産するためには、乳牛の健康状態を把握する牛群検定などにコストをかけることが、実はもっとも経済的な方法であることがわかります。

また、大山乳業では集荷した生乳の体細胞数が全体として少ないというのではなく、酪農家一人ひとりが体細胞数の少ない、品質の高い生乳を生産することに焦点を当てており、経営規模に関係なくすべての組合員のレベルアップを図る取組みに力を入れています。

デーリィキッズサポートとカウィーの恋物語

酪農指導部では、担い手の育成にも注力しています。その中心的な活動が、「デーリィキッズサポート」と「カウィーの恋物語」です。

デーリィキッズサポートとは、組合員の子弟を対象にしたキャンプやスキー合宿などのイベントのことです。酪農を営む家庭は、朝から晩まで牛の世話で忙しい日々を送っており、子供たちに夏休みや冬休みの思い出づくりをさせることが難しい状況にあります。また、鳥取県の酪農家は「近所の酪農家」とはかなり距離が離れているため、子供たち同士で交流することも容易ではないという課題がありました。そこで酪農指導部次長の今吉正登氏によると、子供たち同士が「横のつながり」を持つとともに、将来の進路を決定する時に相談したり、悩みや喜びを分かち合えたりできる友人ができるようにとの思いから二〇一六年にスタートしたそうです。これまでゼロ歳から中学生までの申し込みがあり、仕事の合間には両親も参加するなど、好評を博しています。

「カウィーの恋物語」(「カウィー」とは大山乳業のマスコットキャラクターのこと)とは若手酪農家を対象にした婚活支援活動のことです。酪農業はともすれば、人との出会いが少ない業種であり、自らを積極的にアピールすることが得意でない人も少なくありません。そこで今吉氏はイベントの司会などを通じて参加者の交流がスムーズになるように、アドバイスを行うなど気を配っています。女性の参加者は県内だけでなく、瀬戸内地方や関西地方など広範囲に及んでおり、酪農家に嫁いだ女性の話を参加者に聞いてもらったりしています。一八年八月の時点ではイベント回数は五回を数え、三組が成婚しました。

「主人公は組合員であり、販売部職員は組合員の代弁者」

バブル崩壊後、食品や日用品などの低価格志向が強まり、牛乳や乳製品も特売品として扱われるようになっています。近年では一リットルパックが一五〇円以下で販売しているスーパーもあるなど、価格競争はさらに激しさを増しています。しかし、「白バラ牛乳」は低価格競争とは一線を画した「品質にこだわる」という販売戦略を展開してきました。そして適正価格を維持するために、消費者に説明責任を果たしてきたのが販売部（職員七一名）です。

前述したとおり、大山乳業の主要な販売チャネルは生協ルートと宅配ルートであり、定期的に購入してくれる固定客の育成に力を注いできましたが、これらの消費者は食品の安全と安心に対する関心が高いため、コミュニケーションを積極的に図ることが重要となります。そこで販売部では、生協による工場や製造日報の点検に応じたり、工場視察を受け入れたりするなど、積極的な情報開示に努めてきました。また生協の勉強会に販売部の職員を派遣したり、酪農家と一緒に生協の店頭で販売支援活動をしたりすることで生協の組合員と直接的にコミュニケーションを図ることに取り組んできました。

宅配ルートについては、大山乳業が牛乳販売店の社員を受け入れ、酪農家と対話する機会を設けるなど、酪農業に対する啓発活動をしています。この取組みは牛乳販売店の社員が消費者と日々対面することを考えると、酪農家の思いを消費者に伝えることにもつながります。

一方、販売部職員の研修については、営業マン向けの酪農セミナーや学習会なども行いますが、注目すべきことは、酪農家の思いを消費者に伝えることができるように酪農家の牛舎における酪農作業体験が含まれていることです。販売部次長の堀雅之氏は、「主人公は酪農家であり、私たち職員は、酪農家の代弁者です。酪農家の思いや日々の暮らしぶりを体にしみこませて伝えられるようにしないといけない」と話します。

おいしい牛乳づくりを支える組合と組合員のコミュニケーション

大山乳業では毎月一回、本所において各地区（県の東部、中部、西部）の組合員の代表が集まり、定例会を開催しています。定例会で議論されたことはその日の夜に、各地区の組合員に伝えられます。地区の会議には大山乳業の職員も同席しており、大山乳業も会議のために借りる施設の費用を助成しています。各地区の組合員の代表は「推進委員」と呼ばれ、地区のリーダーとして酪農経営に関連した取組みを実施してきました。前述した牛舎の改善事業などもこのルートで組合員に伝えられました。

各地区では年に二回ほど部会が開催され、「来年はこのような取組みをしたい」など、大山乳業への要望を取りまとめる機会にもなっています。このように組合と組合員が相互にコミュニケーションを図る仕組みが長年有効に機能してきたことも、おいしい牛乳づくりには欠かせないことがわかります。

子牛価格や飼料価格の上昇、酪農家の高齢化など、酪農業を取り巻く課題は少なくありませんが、大山乳業は酪農家と職員が一丸となって白バラブランドを守り、魅力のある酪農の実現をめざしています。

（⑤⑥写真提供・大山乳業農業協同組合）

第七章　大山乳業の白バラ牛乳

第八章　松崎町の桑の葉茶

伊豆半島南西部に位置する静岡県賀茂郡松崎町は、かつて絹の原料である繭をもっとも早く出荷する「早場繭」の産地として知られ、蚕の餌となる桑の栽培も盛んでした。松崎町観光協会ウェブサイトなどによると、同地は明治から大正にかけて生糸商人などが買付けに訪れ、その初繭取引が全国の繭相場に影響を与えたため、「伊豆松崎相場」「繭相場は伊豆松崎で決まる」といわれたそうです。しかし、わが国の養蚕業（生糸生産）は、昭和初期の世界恐慌による輸出の不振、絹の代替品としてナイロンが登場したことなどから急速に衰退し、松崎町も他の養蚕地と同様の道をたどりました。そのような状況のなか、食用桑を栽培し、桑葉茶（粉末）などに加工することで、耕作放棄地の利活用、町の特産品開発、町民の雇用創出、町民の健康増進をめざしているのが企業組合松崎桑葉ファーム（以下、松崎桑葉ファーム）です。

出典：地理院地図（国土地理院）を加工して作成

耕作放棄地の利活用のため企業組合を設立

松崎桑葉ファームが設立された直接的なきっかけは、静岡県の観光政策委員会委員に就任していた異文化コミュニケーターでタレントのマリ・クリスティーヌ氏から「松崎町の歴史を踏まえ、桑（食用桑）を栽培してはどうか」という提案があったからでした。また、①桑（食用桑）は塩害にも強い特性があり、海岸に面した松崎町の畑でも栽培できること、②静岡県は茶の一大産地であるものの、伊豆半島では茶が栽培されていないため「桑葉茶を生産してはどうか」という県知事の後押しなどもありました。この提案を受けて、当時、松崎町観光協会会長であった齋藤省一氏（松崎桑葉ファーム代表理事）と同協会副会長であった土屋嘉克氏（副代表理事）は、試験栽培として休耕田二〇アールに桑の穂木四千本を植栽することにしました（二〇一三年四月）。栽培方法は大学教授などに指導を仰ぎ、一三年夏に収穫。桑葉は外部委託で加工してもらい、製品となることを確認しました。そして一四年七月、齋藤氏と土屋氏は、親戚や地元の幼馴染みなど二七人とともに企業組合を設立しました。

出資者のなかには、親の世代までは農業を営んでいましたが、そ

①左から菊池弘子さん、土屋嘉克副代表理事、齋藤省一代表理事、高橋洋一総務担当理事

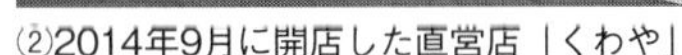
②2014年9月に開店した直営店「くわや」

の後、耕作できなくなり、農地の扱いに苦慮している人も少なくありませんでした。そのため、桑の葉栽培による耕作放棄地の利活用に期待が高まったそうです。企業組合という組織形態を選択した理由について齋藤氏は「活動の目的は地域おこしであり、町を元気にすること。株式会社形態だと利益を追求したくなる」との考えから、「みんなで取り組むこと」に重きを置くことにしたそうです。ただ、組合設立についてのノウハウは誰も持ち合わせていなかったため、静岡県中小企業団体中央会から定款や経理などの事務関連の指導を受けました。

地元の販売チャネルを積極的に活用

近年、健康志向の高まりにより、健康食品の広告がテレビや新聞、雑誌にあふれています。そのため、松崎桑葉ファームは当初、大手企業と取引することを考え、アプローチを試みましたが、松崎産は「無農薬、化学肥料不使用」にこだわっているため、価格や出荷条件などで折り合いがつきませんでした。そこで同組合は、ネット通販サイトのヤフーショッピングやアマゾンなどを活用することに加え、地元の販売チャネルを重視する戦略に切り替えました。特に西

③桑の葉茶や桑葉入りかりんとうが購入できる店内

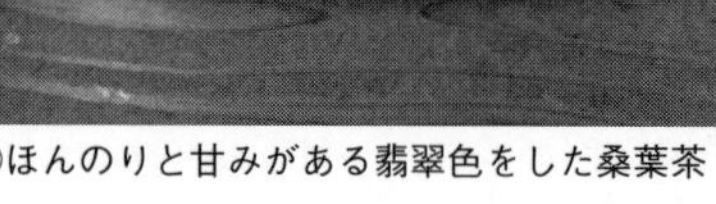

④ほんのりと甘みがある翡翠色をした桑葉茶

伊豆地域は温泉や海水浴場などが連なる観光地であり、ホテルや民宿、旅館などの宿泊施設が多くあります。そこで、宿泊施設のみやげ物コーナーやショップ、道の駅、農協、漁協の直売所などで桑葉茶を販売してもらいました。

また、組合設立から二か月後の一四年九月には直営店「くわや」を開店し、販売をスタートしました。くわやには宿泊施設で桑葉茶を知った観光客が訪れ、桑葉茶を購入した顧客のなかには「松崎産かつ無農薬」であることを好感したためか、その後何度も注文するという好循環も生まれました。一方、齋藤氏はかつて観光協会会長を務めた経験から、イベント等の開催を静岡新聞や伊豆新聞に積極的に伝え、パブリシティの向上にも務めました。さらに、社会福祉協議会が開催する「ふれあい広場」、農協の農業祭、下田の黒船祭などで無料試飲サービスを行うなど、イベントにも積極的に参加して桑葉茶の認知度の向上をめざしました。

栽培から販売までの一貫体制を構築

筆者が取材で訪問した二〇一九年五月の時点では、桑の樹の背丈は五〇センチメートルほどでしたが、六月下旬になると一メートルほどに成長するそうです（桑は六月下旬と九月下旬の年二回収穫ができます）。収穫は枝の付け根を切り落とし、枝を自社工場へと運びます。枝についた葉は、軍手を付けた手でそぎ落とされ、製茶工場で①蒸し、②揉み、③乾燥という工程を経て、「荒茶」となります。荒茶はその後、パウダー状に加工されることで、ほんのりと甘い香りのする桑葉茶となります。栽培を本格化させた当時、島田市の会社に加工を委託していましたが、①収穫量が増加したことと、②収穫後、すぐに加工すると栄養素の劣化を防ぐことができる、などの理由から、一六年六月に工場を設立し、製茶機械を導入しました。同組合は、栽培から販売までの一環体制を構築するに当たって、認定農業者制度※[1]を活用することにしましたが、その際、伊豆太陽農業協同組合（以下、ＪＡ伊豆太陽）松崎支店の支店長が熱心に相談に乗ってくれたそうです。

設立時の桑畑は、前述したとおり二〇アールで始めましたが、その後は一四〇アールと七倍にまで拡大しました。当初から数年間は、組合員などが無償で収穫作業を行いましたが、売上高が増加したこともあり、手当てを支払うことが可能となりました（収穫作業には、リタイアした高齢者、子育てが終わった主婦などが参加しています）。また、ＪＡ伊豆太陽では繁忙期に職員が収穫作業などを手伝う支援制度があり、桑葉の収穫にも汗を流してくれます。

さらに桑の栽培で注目されることは、県立東部特別支援学校伊豆松崎分校の生徒が、教諭とともに農業体験実習として週に一回桑畑を訪れていることです。生徒にとって桑畑は、作業を通じて自身の課題を発見する学習の場であり、担当教諭は「農業法人が地域に少ないなか、松崎桑葉ファームの存在はありがたい」と話します。

⑤無農薬、化学肥料不使用で育てられている松崎産桑葉

⑥県立東部特別支援学校伊豆松崎分校の生徒の農業体験実習にも活用される桑畑

※1　認定農業者制度は、「農業経営基盤強化促進法」に基づき一九九三年に創設された制度。認定農業者となれば、経営所得安定対策、融資、補助金、税制などの面で支援を受けることができます。

地域の活性化は「自らが何とかしなければならない」

現在の松崎桑葉ファームは、桑葉茶のほかに、桑葉入りのうどん、そば、甘食パン、かりんとうなど商品ラインアップを拡大しています。かりんとうは、県外の菓子メーカーに製造を委託していますが、うどん、そば、甘食パンなどは同組合が地元の業者に商品開発を持ちかけました。また、桑の葉だけではなく、実をとるための桑の樹の植栽を一八年四月から開始し、今後はジャムなどの加工品の生産をめざす予定です。このように事業は順調に拡大していますが、設立した当初は「二年ももたない」といわれることもあったそうです。しかし高齢化が激しく、人口も減少している状況で、めぼしい地場産業もない地域では、「自らで何とかしなければいけない」「自らで活性化しなければいけない」という思いが有志の胸にありました。

さらに経営上の多くの課題については、桑の栽培技術指導に当たった岩手大学特任教授・名誉教授の鈴木幸一氏、静岡県知事、賀茂農林事務所、JA伊豆太陽職員、地元の宿泊施設のスタッフなど、地域のさまざまな人々の支援や協力、励ましを受けて克服していき、黒字化までほぼメドが立つまでになりました（一八年度の売上高は一七〇〇万円）。

近年、「人生一〇〇年時代」というフレーズが脚光を浴びていますが、その一方で、定年退職後は家に閉じこもりがちになり、地域とのコミュニケーションを図る機会が減少する人々も少なくありません。そうしたなか、かつての養蚕と桑の栽培の面影をもう一度取り戻すことで、地域おこしに取り組んでいる松崎桑葉ファームの事例は、地元ならではの食材を活用した「シニア起業」としても注目されます。

（⑤写真提供・企業組合松崎桑葉ファーム）

大海の恵み 編

第九章　稲取キンメ

静岡県はキンメダイの水揚量が全国一位であり、キンメダイを目当てに毎年多くの観光客が伊豆地域を訪れます[※1]。キンメダイは水深三〇〇～八〇〇メートルほどの深海に群れる深海魚であり、伊豆諸島の大島の手前あたりで漁獲されるキンメダイを「地キンメ」、大島より先の新島、式根島、神津島で漁獲されるキンメダイを「沖キンメ」と呼んできました。

沖キンメは一週間から一〇日ほど連続操業できる大型船が「底立延縄（そこだてはえなわ）」（図一）という漁法で釣り上げるのに対し、地キンメは数トンから二〇トンほどの船が「立縄釣り（たてなわつり）」（図二）という一本釣り漁法で釣り上げます。地キンメは日帰り操業であるため鮮度が高く、沖キンメよりも高値で取引されます。この立縄釣りによる静岡県内有数の水揚げ産地となっているのが稲取であり、伊豆漁業協同組合（以下、伊豆漁協）稲取支所が出荷するキンメダイは「稲取キンメ」として、常に高い評価を受けてきました。

出典：地理院地図（国土地理院）を加工して作成

※1　静岡県のキンメダイについては、『毎日新聞　地方版』二〇〇六年三月一二日付、『静岡新聞　夕刊』二〇一五年三月三〇日

付、『伊豆新聞　伊東版』二〇一五年六月二一日付、『伊豆新聞　下田版』二〇一二年一一月二〇日付を参照。

明治時代から続くキンメダイの産地

伊豆半島の東部沿岸に位置する東伊豆町稲取のキンメダイ漁業の歴史は、明治時代にまでさかのぼることができ、大正時代には小型発動機船を用いた立縄釣りが行われていました（伊豆漁協稲取支所ウェブサイトを参照）。

現在は、約四〇隻の漁船が操業しており、稲取漁港から一時間程度のところにある海山（海中の山）の周りが主な漁場となっています。キンメダイの漁場は一般的に沖合にあるため、漁場から漁港へと戻るにはかなりの時間を要します。しかし、稲取は日帰り操業ができるとともに、消費地にも近いため高い鮮度で出荷できるという強みがあります。

キンメダイは未明から夜明けにかけ、海山の頂（いただき）付近に群れていますが、日の出を迎えると海底に移動するという習性があります。そのため漁獲量を高めるためには、夜釣りを行うことがもっとも効率的となりますが、資源管理の観点から稲取支所では夜釣りを禁止と

図1　底立延縄漁法のイメージ図

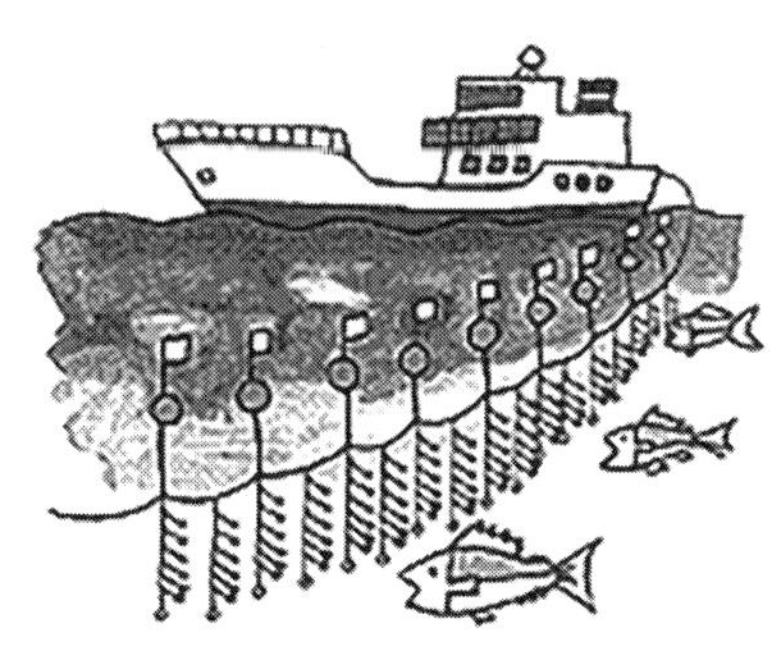

出典：伊豆漁業協同組合

図2　立縄釣り漁法のイメージ図

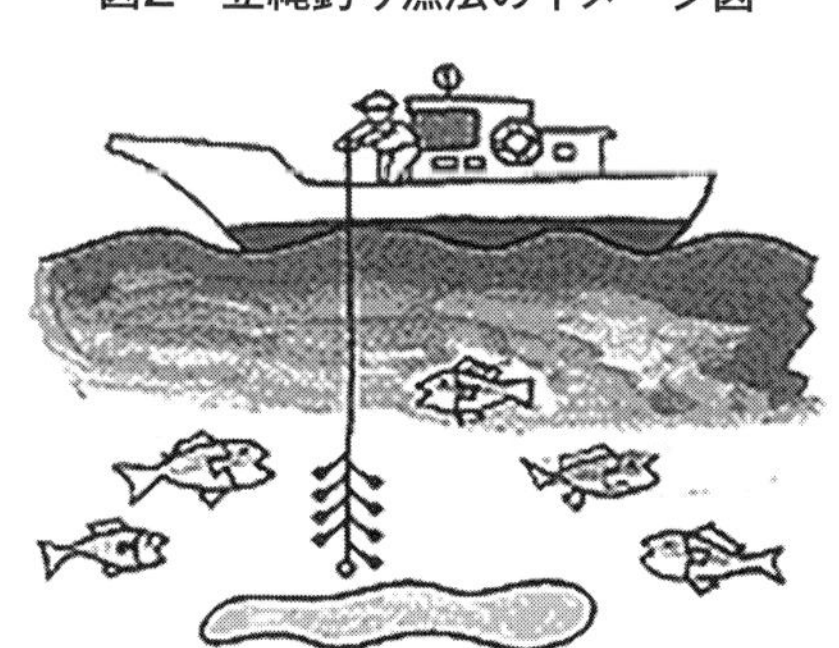

出典：伊豆漁業協同組合

し、各漁業者は日の出から操業します（漁業者は日の出から操業し、午後三時までに稲取漁港に入港します）。

また稲取の地キンメは、イカなどをエサに一本ずつ丁寧に釣り上げますが、その際に漁業者は魚体にキズをつけないように手カギなどを使用しません。このことが、市場で高い評価を受ける理由となりました。伊豆漁協は二〇〇八年九月に伊豆半島内の稲取、下田、南伊豆、仁科、安良里、土肥、二〇〇九年三月に松崎、田子の各漁業協同組合が相次いで合併することで誕生しましたが、築地や豊洲市場関係者は、「稲取」のことを旧稲取漁業協同組合（以下、稲取漁協）の屋号である「カネキョウ」（共）と今も呼んでいます。

しかし、稲取の地キンメが高い評価を受けるようになると、他産地や外国産のキンメダイも地元で提供されるようになりました。この様子をみた組合員は、「せっかく稲取まで足を延ばしてもらっているのであれば、稲取のキンメダイを食べてほしい」「おいしい『稲取キンメ』を食べてほしい」という思いが高まり、他の産地に埋没しないようにブランド化に本格的に取り組みました。

①伊豆漁協稲取支所

②左から田町生産者代表　栗田友喜氏、
伊豆漁協稲取支所長　鈴木義行氏

水揚げ後の品質管理の向上に注力

ブランド化に向けて稲取支所（当時は稲取漁協）が最初に取り組んだことは水揚げ後の品質管理の向上でした。組合員は二〇〇七年に「松輪サバ」で有名なみうら漁業協同組合松輪販売所（第一〇章を参照）の出荷作業を視察し、水揚後の魚の取り扱いについての認識を大きく変えました。

たとえば、かつての出荷作業は、漁業者が魚の選別を行い、出荷していましたが、その作業は日のあたる場所で行われていました。これでは魚が温まり、品質が低下することになるため、視察後は屋根のついた水揚げ場の下で漁協職員が大きさや魚体のキズの有無などを確認して選別することとし、専用の選別台も導入しました。

さらに青壮年部に所属する組合員は、当時の築地や横浜などの市場を訪れ、卸売業者に出荷時における品質管理について意見を求めました。その意見をもとに改善したことの一つが、ブロック氷から砕氷への変更でした。

またキンメダイの鮮やかな赤い体色を維持することも、品質管理を考えるうえでは重要です。この体色は、冷却が不十分であると変色してしまうことがあったり、船内に設置した魚槽の水が少なすぎる状態で、魚と魚がふれあうと、そのふれあった部分の体色が変色することがあったりします。そこで漁業者は漁の前には魚槽に海水と氷が十分に入っているかどうかを常に確認することにしました。このように漁協と組合員は、水揚げから市場に出荷されるまでのプロセスを一つひとつ統一し、組合員同士の足並みを揃えました。

それでは今一度、現在の水揚げから市場への出荷までのプロセスをまとめてみます。稲取漁港へ午後三時までに入港した漁業者は、キンメダイを魚槽からカゴに移し、選別所まで速やかに運びます。漁協職員は午後一時ぐらいから出荷作業の準備に着手し、水揚げ直後のキンメダイを選別台の上でサイズ、サメなどによる噛みキズ、うろこのはがれ具合などを確認しながら選別します。その後、発泡スチロール箱にキンメダイを入れて出荷しますが、その際にはキンメダイの色が変色しないように濾過海水を少し入れ、ビニールを敷いてから氷を入れるようにしています（なお、稲取支所では共同出荷を実施しているため、流通経路が少なく、市場に短時間で出荷できるという特徴があります）。

キンメダイの選別作業が漁業者から漁協職員へと変化したことについて、稲取支所長の鈴木義行氏は「職員の業務が増えることになるため、当初は大変だった」と振り返りますが、業務に慣れてくると次第に出荷までの時間は短縮しました。漁業者（田町生産者代表）の栗田友喜氏は「取引先と関係を築いているのが漁協の職員です。その職員がキンメダイの品質について公平に、いい悪いと指摘してくれるのはありがたい」と話します。

また選別を担当する職員は、漁業者本人に市場価値という観点からどこに問題があるのかを直接伝えており、このことが若手漁業者の教育にもなっています。鈴木氏は「当初は職員にも遠慮があったが、今はブランド管理のため、はっきりとキズなどを指摘する。『しっかり評価をやってくれよ』と漁業者が言ってくれるのがありがたい」といい、職員と漁業者の信頼関係が水揚げ後の品質管理の向上のベースとなっていることが改めて理解できます。

マスコミへの積極的な対応

稲取の地キンメは水揚げ後の品質管理が向上したことで一段と高い評価を受け、二〇一一年には「静岡県ならではの特徴を備えた商品」として県が認定する「しずおか食セレクション」に選ばれました。また同じ頃、組合員と漁協職員が一丸となって「稲取キンメ」の品質向上に取り組んでいることを、積極的にテレビや雑誌などでＰＲしました。その結果、二〇一三年には「地域団体商標」の登録が認められました。

稲取支所では、現在においても「稲取キンメ」のプレゼンスを高めるため、たとえば、マスコミから取材依頼を受けると、企画書を提出してもらい、支所内でどのような対応が必要かを検討します。また稲取支所運営委員長の鈴木精氏は漁業者の代表という立場から、マスコミが作成した企画書に必ず目を通します。そして撮影が必要な場合は、水揚げや出荷の現場であるのか、または「稲取キンメ」が食べられる飲食店であるのか、ということを総務課の岡崎寅氏と確認し、要望にあった漁業者や飲食店の紹介をします。加えて「漁船に乗船して撮影したい」というニーズがある場合は、ニーズにあった組合員に連絡し、安全に撮影ができるように「乗船できる人数」などをマスコミに伝えます。

三〇年間も続く「生かしキンメ」の展示

濃厚な脂の乗りが人気の「稲取キンメ」は、地元の人々にとっては祝い事などに欠かせない、生活に根付いた食材でもあります。なかでも、大皿に甘辛く煮付けた二匹のキンメダイを腹合わせに盛りつけた「キンメダイの腹合わせ」は、「腹を割ってつき合う」ことを表しているとされ、地域の祝い事や神事には欠かせない郷土料理となっています。そのため、たとえば、子どもの出産、一歳の誕生日に餅を背負う「一升餅」など、さまざまな祝い事の際には、地元の人々から祝い用のキンメダイの注文を受ける漁業者もいるようです。

稲取支所では、このように「キンメ愛」にあふれた地域の人々への感謝を込めて、一九八〇年から水産祭りを開催しています。

その準備はまず漁協職員が四月中旬にイベント企画案を作成し、組合員に説明を行います。会議は二回ほど行われ、その間に人員配置、催し物、販売する魚介類の状況（定置網で魚が獲れなかったり、キンメダイが獲れなかったりした場合はどのように対応するか）などを協議します。また会議には、静岡県の水産・海洋技術研究所の職員も参加し、さまざまなアドバイスなどを行います。そして祭り前日には、大漁旗の準備、鮮魚の袋詰め、販売台の配置、準備などを関係者が総出で行い、祭り当日は組合員が干物や乾物、鮮魚の販売、サザエのつぼ焼きやイカ焼きなどの屋台販売を率先して行います。

こうしたなかで、特に注目されているのが、生きたキンメダイを間近に見ることができる「生かしキンメ」と呼ばれる展示です。始めたきっかけは、三〇年ほど前に水産祭りで組合員が「生きているキンメダイの体の色は、淡いピンクだが、海水から釣り上げると赤くなる」と説明したところ、子供たちが高い関心を持ったからです。そこで当時の運営委員長、青壮年部、水産・海洋技術研究所の職員が一緒になって生きたキンメダイを子どもたちに見てもらう方法を考案しました。

展示には、ポリカーボネート製の水槽などの設備一式を水産・海洋技術研究所から借り受けてセットするとともに、水産祭り当日の朝に漁業者が投縄(とうなわ)をして獲ったキンメダイを稲取漁港に持ち帰り、組合員や漁協職員がバケツリレーで水槽に運びます。またキンメダイは水温が低い場所に生息するので水槽の海水を氷で適温まで冷却したり、エアレーションで空気を送り続けたりするなどの工夫も行います。このように多くの人々の熱意が込められているためか、生きたキンメダイの美しい姿に子どもたちだけでなく、大人まで見入ってしまうそうです。

一方、組合員は連休中も祭りの運営に参加しているため身体を休める日はありませんが、栗田氏は「自分たちが獲ってきたものが売れて、買ってくれる人の顔がみられるのは楽しい」と話します。また漁協職員は、組合員や水産・海洋技術研究所の職員の支援があってこそ開催できると考えており、参加者一人ひとりの感謝の念が、ひとつのイベントを四〇年間も継続させる原動力となっていることが改めてわかります。

「地元になくてはならない資源」という意識の醸成

「稲取キンメ」は現在、小田原市公設水産地方卸売市場でもっとも人気が高いことから、最初に競りにかけられ、豊洲市場では競りに出す前に売れるというように、まさに「別格の扱い」を受けています。しかし、キンメダイの市場を全国的に見渡してみると、漁獲量は減少傾向にあり、限られた資源を大切にすることがますます重要となっています。

稲取では共同出荷方式を採用しているため、今後も高い品質を維持していくためには一隻ずつの自覚と協力が欠かせず、足並みを揃えなくてはなりません。職員の遠藤厚氏は「稲取の漁業者は、『稲取キンメ』のブランド力を維持することに対する意識が高まっている」と、これまでの取組みが定着してきたと話します。

近年、魚価の低迷や漁獲量の減少を打開するため、ブランド化を含めたさまざまマーケティング戦略が喧伝されていますが、その多くは、短期間で実績を求めるためでしょうか、対象となる農水産物の特性や文化、歴史が顧みられないことも少なくありません。そうしたなか、流行りを追いかけず、漁業者や漁協職員が品質を向上させるため、さまざまな課題を一つひとつ解決していくとともに、イベントなどを通じて地元の人々の「キンメ愛」を涵養していく「稲取キンメ」の取組みは、「地元になくてはならない資源」を大切にし、郷土料理を次世代に継承していく観点からも注目されます。

第九章　稲取キンメ

第一〇章　松輪サバ

「西の関サバ、東の松輪サバ」と呼ばれるように、神奈川県三浦市の間口漁港で水揚げされたマサバは、「松輪サバ」として全国にその名前が知られています。「松輪サバ」が全国的なブランドとなった背景には、みうら漁業協同組合（以下、みうら漁協）松輪販売所の職員や神奈川県水産技術センター普及指導員などさまざまな人々の「漁業者の所得を向上させたい」という思いがありました。

共同出荷がブランド化の始まり

一九九〇年代初頭まで、間口漁港の漁業者は仲買人と相対で取引を行い、仲買人が消費地市場に出荷していました。この地域のマサバは、五月から夏にかけて産卵場である伊豆諸島から東京湾の奥深くへと回遊し、その間、豊富な餌を食べるため、お盆から秋に体から尾の部分にかけて金の筋が入るという特徴があります。

出典：地理院地図（国土地理院）を加工して作成

また、間口漁港の漁業者は鮮度を保つため、サバを一本ずつ釣り上げ、「ヤハズ」と呼ばれる漁具で釣り針をはずすことで、手で魚体に触れないことを心がけてきました。そのため、まき網（図一）で漁

獲される通常のサバとは、魚体の状態と味、鮮度が大きく異なりましたが、仲買人と取引していたため、品質に見合うほどの高い魚価とはなりませんでした。

そこで、当時の松輪漁業協同組合（一九九四年に九つの漁協が合併し、みうら漁協となります）では組合員を中心にさまざまな議論を行い、仲買人を通さず築地市場へ共同出荷することに切り替えました。

共同出荷を実施するに当たっては、「出荷検討委員会」をつくり、水揚げ施設や冷蔵庫といった施設を整備するとともに、水産物卸売会社から箱詰め方法などを教えてもらったそうです。また漁協職員や漁業者は、築地市場にも幾度となく足を運び、出荷についてのノウハウを学びました。

ただし、共同出荷へと切り替えたものの、一部の漁業者は依然として仲買人にマサバを卸す「横流し」という問題が生じていたため、漁協では文書で警告するなどの対策を講じました。共同出荷で重要なことは、「サバ一本でも品質が悪いと、全てがダメになる」ということです。そのため、トラブルが生じた場合は、漁業者が集まって話し合いを行うことで解決を図りました。このような努力の積み

図1　まき網魚法のイメージ図

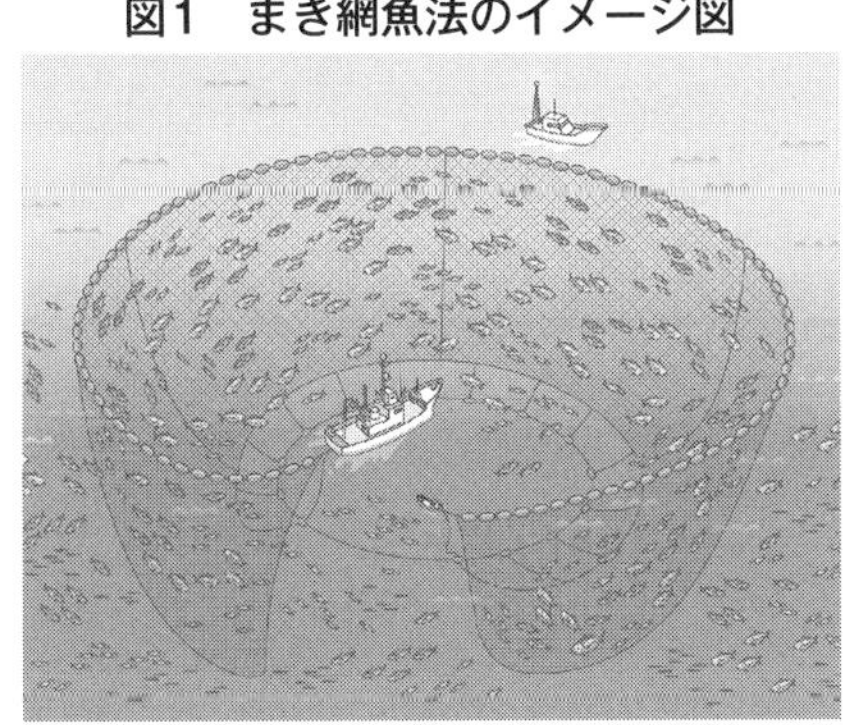

出典：農林水産省

①みうら漁協松輪販売所

重ねが、漁業者のやる気や誇りを醸成するとともに、築地市場でも「松輪のサバは脂がのっておいしく、鮮度抜群で品質がよい」と口コミで評価が高まりました。

「松輪サバ」のブランド化

二〇〇〇年代前半、「松輪サバ」の評判は市場内で広がっていましたが、市場関係者や料理人など食のプロフェッショナルを除き、一般の人々にはあまり知られていませんでした。

そうした状況の中、浦賀生活協同組合の組合員等からみうら漁協松輪支所（現在の松輪販売所）に「どのように漁が行われているか視察させてほしい」との依頼がありました（二〇〇四年）。生協の組合員等の多くは、食の安全・安心への関心が高い人々ですが、「松輪の魚がどのように水揚げされているか」までは知りませんでした。

このような出来事がきっかけとなり、松輪支所では「魚の獲り方から出荷方法まで、積極的に消費者に伝えていこう」ということになり、中心的な役割を担ったのが松輪支所職員の古怒田勝広氏（故人）と神奈川県水産技術センター普及指導員（当時）の荻野隆太氏でした。

③「松輪サバ」

②間口漁港

そこで同支所では、まずPRパンフレットをつくることから始めました。このパンフレットは、かつてイベントのパネル展示に活用していたものをベースに、A三・一枚のなかに漁の詳細（一本釣り、手を触れないなど）、「松輪サバ」のおいしい理由、生産者のこだわりなどをまとめました。そしてこのパンフレットを、「松輪サバ」を食べることができるすし屋、居酒屋、料理店など三〇〇店舗に無料で配布しました。

パンフレットはラミネート加工されており、消費者の食べてみたいという思いを喚起するため、客席の壁に貼り付けてもらうように依頼するなど工夫しました。

パンフレットの次は、ホームページの作成に取り組みました。ホームページには、「松輪サバ」のアピールポイントとともに、神奈川県、東京都、大阪府の「どこの料理店で食べることができるのか」が消費者にわかるように、「松輪サバ」を提供している約七〇にも及ぶ店舗リストを掲載しました。このことが「『松輪サバ』を食べてみたい」という多くの消費者の心をつかみ、アクセス件数も順調に増加しました。

アクセス件数が増加し、検索エンジンで「松輪サバ」が上位にラ

④漁船から水揚げする「松輪サバ」

⑤「松輪リバ」の箱詰め作業

ンキングされると、情報番組やグルメ番組などから取材の依頼を受けるようになりました。このことが全国的に知られる起爆剤となり、まさに「全国ネットで、有名なタレントが『松輪サバ』のうまさを宣伝してくれる、無料の宣伝塔」（荻野氏）となりました。加えて、「松輪サバ」が放送された番組の一覧をホームページに実績として掲載すると、取材依頼はさらに増え、アクセスも増加するという相乗効果が生み出されました。

　このようなパブリシティ以外にも、当時みうら漁協直営のレストランであった「エナ・ヴィレッヂ」で「松輪サバフルコースを味わうイベント」や「松輪サバ釣体験&味わう企画」などを実施しました。なかでも前者のイベントでは、古怒田氏が「松輪サバ」を解説したり、漁業者自らが仕掛けなどを説明する「トークショー」もあり、「松輪サバ」を「体験」してもらうきっかけになりました。

「松輪サバ」の知名度がテレビなどを通じて一般消費者にまで高まると、産地が偽装された「松輪サバ」も出回るようになりました。そこでみうら漁協は二〇〇六年に、対策の一環として、「地域団体商標」に登録することにしました。この制度の大きな特徴は、偽造品を取り扱う業者に対し、登録商標やこれに類似する商標の不正使

⑥神奈川県水産技術センター普及指導担当
荻野隆太氏

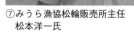

⑦みうら漁協松輪販売所主任
松本洋一氏

用の禁止と、商標権者による差止請求、損害賠償請求などができることにあります。

これらの結果、「松輪サバ」はＰＲ事業に取り組む二〇〇四年以前の三年間と二〇〇五年以降の三年間とを比べると、漁獲量が増加しているにもかかわらず、浜値（水揚げされた地域の価格）の平均単価は九パーセント上昇しました。そして、通常の「松輪サバ」の中でも特に脂の乗った「丸特」の浜値の平均単価は二七パーセントも上昇することになりました。

減少するサバの水揚量

現在、一般的にまき網漁業で捕獲されたマサバの魚価は一キログラムあたり五〇〇～六〇〇円で取引きされるのに対し、「松輪サバ」は一五〇〇～三〇〇〇円で取引きされています。また、松輪販売所主任の松本洋一氏によると、サバの脂がのった秋になると、「松輪サバ」を目当てにエナ・ヴィレッヂを訪れる観光客が多くなり、週末は二～三時間待ちとなったこともあるそうです。

このように、「松輪サバ」ブランドは確固たる地位を築き上げることに成功しましたが、その一方でマサバの水揚量の減少が大きな課題となっています。図二は、みうら漁協松輪販売所におけるサバ釣水揚量の推移（一九九七～二〇一七年）を示したものです。「松輪サバ」となるマサバの水揚量は二〇〇七年に六〇一トンでしたが、一七年には九〇トンにまで激減しています。この要因の一つは海水温の上昇にあるといわれており、最盛期は三〇～四〇世帯が従事していたサバ釣漁業者も、現在では二〇世帯にまで減少しています。

そして水揚量が激減しているなか、「松輪サバ」ブームのきっかけとなったホームページも、プロバイダーの変更に伴って契約を更新しなかったことと、少ない職員で運営しているため、メンテナンスまで手が回らないといった要因も重なり、現在は閉鎖しています。

水産物のブランド化の難しさ

以上、みうら漁協松輪販売所における「松輪サバ」のブランド化の軌跡をまとめてみました。読者のなかには、「漁獲高が減少すると、魚価が上昇するため、ブランド価値はさらに増すのではないか」という意見があるかもしれません。確かに、供給量が減少することで「希少性」は高まるかもしれませんが、認知度の維持・向上やファンづくりという観点からは大きな課題を抱えます。

その理由は、マスメディアに取り上げられ、急激に需要が高まると、多くの人々が継続して購入することができなくなり、ファン層を拡大することが難しくなるからです。数々の水産物のブランド化を手がけてきた荻野氏は、水産物のブランド化の条件のひとつとして、「旬のおいしい時期にたくさん獲れること」を指摘し、「幻の魚介類」はブランド化することができないと話します。

海水温の上昇などを受け、マサバの水揚量が今後も減少するので

図2　みうら漁協松輪販売所におけるサバ釣水揚量の推移

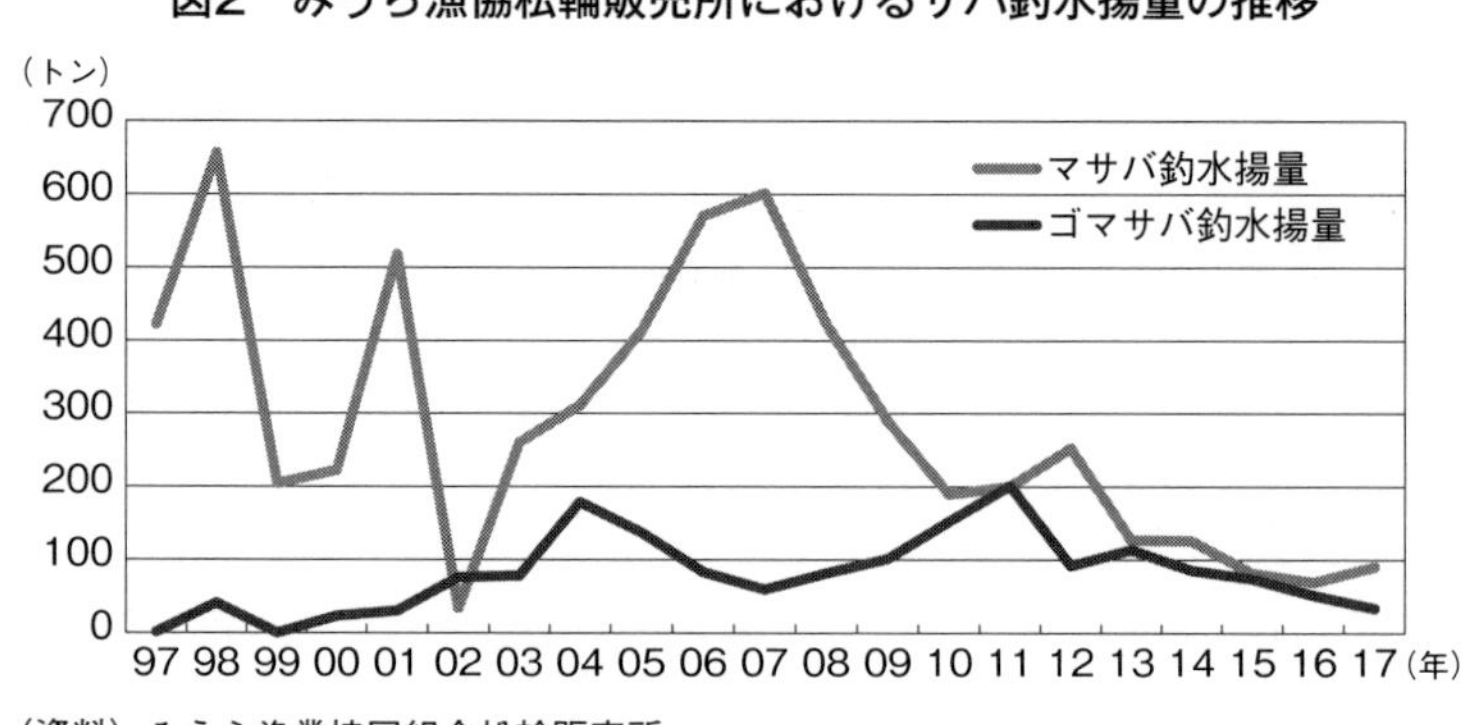

（資料）みうら漁業協同組合松輪販売所

あれば、「松輪サバ」ブランドはこれまでと違った展開を迎えることになるかもしれません。漁業者のなかには魚種転換を行う人も出てくると考えられますが、新たな魚種が消費者にスムーズに受入れられるようになるためにも、水産物の名産地としての「松輪」という地名を継続的に維持管理していくことが欠かせません。

（③〜⑤写真提供・みうら漁業協同組合松輪販売所）

第一一章　平塚のシイラ

相模川は、植物プランクトンや海藻などの成長に欠かせない窒素、リンやケイ素といった栄養塩を富士山麓で吸収しながら相模湾に流れ込んでいます。この河川水と黒潮の流れがぶつかる潮目には、プランクトンを目当てに「海の米」と呼ばれるイワシ類が大量に集まり、そのイワシ類を狙ってブリ、キハダマグロ、サワラ、シイラなどの大型肉食魚も集まるため、日本でも有数の豊かな漁場が形成されています。ただシイラは、体長が最大二メートルになるものの、消費者になじみがなく、魚価が低かったため廃棄されることがありました。

このような未利用魚（低利用魚）の地元消費を促進するため尽力しているのが、神奈川県平塚市にある平塚市漁業協同組合（以下、平塚市漁協）です。

出典：地理院地図（国土地理院）を加工して作成

六次産業化の一環としてシイラの燻製を商品化

相模湾のほぼ中心に位置する平塚漁港の沖合では、定置網漁（図一）が営まれ、ブリ、カツオ、サバ、スルメイカ、マアジ、マイワシ、マダイなどさまざまな魚種が漁獲されています。そのなかでシイラは、網のなかで暴れ、他の魚を傷めたり、足がはやかったりすることから扱いにくい魚でした。味は淡白であり、フライなどに調理するとおいしいといわれていますが、平塚市漁協代表監事の磯崎晴一氏（川長三晃丸代表）は「シイラは夏に取れる魚で、黒潮に乗ってやってくる。ただし、潮が濁っている時はシイラがこないため、漁獲量に波がある」と話すように、漁獲量が一定でないことも食材として広まらなかった理由の一つでした。

ただ「魚体が大きく、暴れる」という特性が釣り客には好まれ、一九八〇年代後半には遊漁船によるルアー釣りが行われてきました。しかし、当時の釣り客にとってもシイラは「食べるにはなじみのない魚」であることから、自宅に持ち帰ることもなく、あくまでもスポーツフィッシングの対象でした。そこで釣り宿では、シイラを調理しやすいように捌く（さば）サービスを導入するなどの工夫も試みま

図1　定置網漁法（小型定置網漁法）のイメージ図

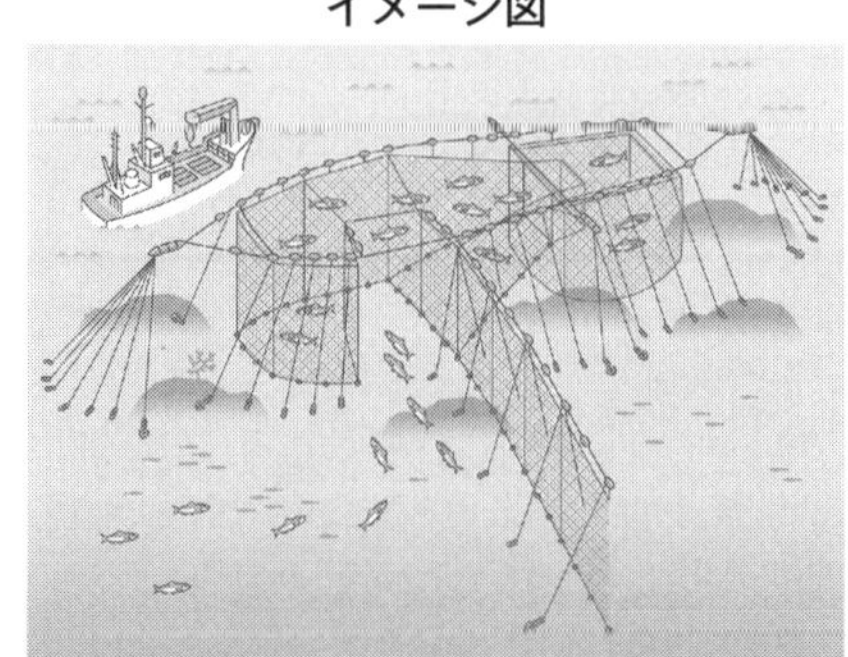

出典：農林水産省

①左から平塚市漁協代表監事　磯崎晴一氏、総務主任　伏黒哲司氏

したが、やはりシイラを持ち帰る釣り客は少ないままでした。

一方、全国を見わたしますと、シイラが日々の食卓にのぼったり、郷土料理として食べられてきた地域もあります。たとえば、島根県隠岐郡五箇村では、大みそかの日にシイラやブリの塩魚でつくった煮しめに少しの汁がある「ふら汁」が食べられたり、宮崎県日南市では、秋から冬にまびき（シイラ）がとれると、刺身、塩蒸しに加え、頭や骨は塩汁にされたりしました。また沖縄県国頭村（くにがみそん）では、シイラを「フーヌイユー」と呼び、郷土の味として干物づくりが行われています（沖縄県内では一般的に「マンビカー」と呼ばれています）※1。

そこで「せっかく釣り上げたシイラをおいしく食べてほしい」という思いから、平塚市漁協や地域の漁業関係者が取り組んだのがシイラの干物「万力の沖干し」（万力＝シイラ）の商品化（二〇〇二年）でした。万力の沖干しは、漁期が六～九月の四か月間であるため生産量は限られていましたが、ＮＨＫの番組で紹介されたこともあり、朝市等では三〇分で完売するほどの人気でした※2。

その後、同漁協は、二〇一三年六月に六次産業化の認定を受け、地元の事業者「湘南いぶしがんさんの燻製工房」とともにシイラの

②平塚市漁協

③相模川に面した平塚漁港

燻製を商品化し、湘南農業協同組合農産物直売所「あさつゆ広場」などで販売するなどの取組みが行われました。また平塚市漁協ではこの間、キッチンカーによる地魚販売や、新鮮な地魚とともに未利用魚をも提供する「平塚漁港の食堂」（株式会社ロコロジとの共同事業）の開業など、シイラを含めた地魚の認知度を高める努力を続けました。

このことが評価され、二〇一五年には農林水産省主催「ディスカバー農山漁村の宝」（第二回）に選定されました。平塚市漁協総務主任の伏黒哲司氏によると、首相官邸で開催された選定証授与式および交流会で、農林水産大臣が試食してくれたことが、何よりも大きな励みになったそうです。ただ、サイズの大きいシイラは食材として利用されますが、地元で「ペンペン」と呼ぶ五〇センチメートルぐらいの小ぶりなシイラは、加工に手間がかかるなどの理由で利用が進まないという課題がありました。

※1　島田成矩他編［一九九一］『日本の食生活全集　三二　聞き書　島根の食事』農山漁村文化協会、三〇〇頁。田中熊雄他編［一九九一］『日本の食生活全集　四五　聞き書　宮崎の食事』農山漁村文化協会、三〇四頁。『沖縄タイムス』二〇〇五年一一月二日付。

※2　神奈川県ウェブサイト・神奈川県水産技術センターコラム（神奈川県水産総合研究所メールマガジンVol.016 2003-10-24）。

「プライドフィッシュ」や「湘南ひらつか特産品」に認定される

前述のように平塚市漁協はシイラの商品化に力を入れてきましたが、この当時は「平塚の魚はどの魚も鮮度がよい」という意識から、「漁協が特定の魚を押す」という考えはありませんでした。そんなある日、神奈川県水産技術センターの職員から「シイラに対する熱い思いを感じることができるので、『プライドフィッシュ』に登録してはどうか」という提案を受けました。「プライドフィッシュ」とは、全国漁業協同組合連合会を中心としたＪＦグループが取り組む「地元漁師が自信を持って勧める魚」のことであり、同ウェブサイトでは、魚介類の消費拡大を目的に、旬の魚介類の情報やその魚介類を食べることができる飲食店、購入できる店舗やレシピなどが掲載されています。

提案を受けた当初、伏黒氏は「平塚のシイラがプライドフィッシュに登録できるのか」と半信半疑でした。しかし、同職員の指導の下、申請書に平塚のシイラの特徴を記載していくと、相模湾のイワシ類をふんだんに食べて育つシイラを改めて見直すとともに、これまでの取組みを「やっててよかった」という気持ちになったそうです。

二〇一六年八月にプライドフィッシュに登録されたことを受け、平塚市漁協では、積極的にシイラをＰＲしようという考えが強くなりました。そこで次に目を付けたのが、地元の「湘南ひらつか特産品」の認定を受けることでした。この湘南ひらつか特産品は、平塚市と平塚商工会議所が市内産業の振興という観点から、市内外にＰＲをしていく取組みですが、これまでは野菜、果物や花卉（かき）といった農産物が中心でした。そこで同漁協が積極的に働きかけたところ、「平塚の金アジ」、「湘南シラス」とともにシイラが認定されました。

一方、地元の飲食店や惣菜店などではシイラを調理するためにネックとなっていたのが、「捌くのに手間がかかる」ことでした。なかでもシイラの皮には雑菌がいることもあり、丁寧な処理が欠かせません。

そんな折、地元の平塚魚市場が茅ケ崎丸大魚市場と一八年五月に合併することとなり、平塚茅ケ崎魚市場が新たに誕生しました。その際、平塚の加工場に地魚の消費拡大に熱心な職員が配置され、「扱いづらい」とされていたシイラをフィレ状（三枚おろし）に加工することを積極的に引き受けてくれました。これにより地域の人々が食材としてシイラを活用しやすくなりました。

地元のさまざまな人々が力を合わせて

「プライドフィッシュ」への登録以降、地元の人々からシイラを使った商品開発を行いたいという要望が平塚市漁協に寄せられるようになりました。その一つが、平塚市内にある鶏肉専門店の鳥仲商店です。同店の総菜「湘南こっこからあげ」は、神奈川県内のB級グルメグランプリ「かながわフードバトル」（現在はかながわグルメフェスタ）で金賞を受賞するなど地元の有名店ですが、「鶏肉の枠に捉われず、地元の食材を使った惣菜をつくりたい」との考えから平塚市漁協に相談しました。

その時、「どのようにシイラのフィレを鳥仲商店に届けるか」が課題でしたが、前述したように平塚茅ケ崎魚市場で加工できるようになったことからスムーズに連携ができました。鳥仲商店では現在、シイラを使ったコロッケ、メンチカツやマヒマヒ・タルタルバーガーなどを商品化していますが、このバーガーなどに使うパンは、地域の障がい者施設である社会福祉法人進和学園の人々が丁寧に焼き上げています。

④マヒマヒ・タルタルバーガー

また、シイラが平塚市の特産品になったことがきっかけで、高校生が商品開発を手掛けるようにもなりました。神奈川県立平塚商業高校（現在の平塚農商高校）では、生徒自らが課題を設定し、調査、実習、発表などを行う課題研究という授業があります。そんななか、ある生徒が平塚市の特産品にシイラがあることに興味を持ち、鳥仲商店や市内のパン製造業者の協力を得て、最終的にはシイラ春巻きやシイラピザパンなどを開発、発表しました。

このように、かつては廃棄されることもあったシイラが、さまざまな市内の事業者などと連携することで新たな付加価値が付与されようとしています。そしてこれらの取組みは、二〇一八年四月、平塚市が地域資源を活用して商品開発を行う事業者を支援する「平塚市産業間連携ネットワーク」（平塚のシイラプロジェクト）の認定を受けました（図二）。伏黒氏は「今後は、どこでシイラを食べることができるのか」といった飲食店のマップの制作なども重要であると話します。

図2　「平塚市産業間連携ネットワーク」（平塚のシイラプロジェクト）の概略図

出典：平塚市漁業協同組合

食文化という「独自のカラー」を育成することが重要

平塚市ではシイラの消費拡大をめざしていますが、水揚げされたシイラの多くは、横浜市中央卸売市場や小田原市公設水産地方卸売市場に卸されているという現状があります。その理由の一つは、一九九〇年代後半ごろから消費者がスーパーマーケットで魚介類を購入するようになり、地魚を多く取り扱っていた地元の鮮魚店が相次いで廃業したためです。このことは「今の時期の旬の魚が何であり、どのように調理すればおいしく食べることができるのか」という地元の食材にまつわる知識が消滅していくことにもなり、地域の食文化を衰退させることになります。磯崎氏は、「それぞれの町には食文化という『独自のカラー』が重要である」と話し、地産地消の大切さを指摘します。

平塚のシイラプロジェクトはスタートしたばかりですが、平塚の新たな食文化の形成に期待が集まります。

（④写真提供・平塚市漁業協同組合）

第一二章　答志島トロさわら

三重県鳥羽市に本所を置く鳥羽磯部漁業協同組合（以下、鳥羽磯部漁協）は、二〇〇二年に鳥羽市の一六漁協と志摩市磯部町の六漁協が合併して誕生しました。鳥羽磯部漁協の管内はたとえば、黒海苔（のり）、ワカメなどの養殖、あま漁によるアワビやサザエ、刺し網漁によるイセエビなど、多様な海産物が漁獲されていますが、そのなかで一八年から新たに力を入れているのが「答志島（とうしじま）トロさわら」です。サワラ※1は漢字で「鰆」と書き、俳句では春の季語であることから、「春が旬」というイメージが強くありますが、伊勢湾産のサワラは脂の乗った「秋冬が格別においしい」と漁業者の間でいわれてきました。

出典：地理院地図（国土地理院）を加工して作成

※1　出世魚であるサワラは一キログラムまでを「サゴシ」「サゴセ」と呼び、それより大きいものをサワラと呼びます。

答志島和具浦のサワラ漁

鳥羽市最大の島である答志島は、伊勢湾と太平洋の境に位置しています。伊勢湾には、木曽三川（木曽川、長良川、揖斐川）などが流れ込んでいますが、これらの河川が長野県や岐阜県の山々の豊富な栄養塩を伊勢湾内に運んでいます。ここでいう栄養塩とは、窒素、リン、ケイ素などのことであり、植物プランクトンの増殖、育成に欠かせません。そしてこの植物プランクトンを求めてイワシなどの小魚が大量に集まり、小魚を求めてサワラなども集まります。

答志島には、答志、和具浦、桃取の三つの集落がありますが、和具浦は他の集落と比較して磯が少ないことから、漁業者が取り組める漁業の種類が限られました。そのため、和具浦の漁業者はサワラの一本釣り漁の技術を継承してきました。

現在、鳥羽磯部漁協和具浦支所理事を務める橋本計幸氏は、一九七〇年代から父親の跡を継ぎ、サワラ漁に取り組みました。船を操縦しながら釣り糸を海に流して魚をおびき寄せる曳き釣り漁（一本釣り）を得意としており、漁具の改良や鮮度管理などにも熱心に研究を重ねました。九〇年代にはサワラが全く回遊せず、獲れない時

①鳥羽磯部漁協和具浦支所

②左から和具浦支所理事　橋本計幸氏、鳥羽磯部漁協直販事業課企画販売促進担当　久保田正志氏

期もありましたが、その後は水揚げ量が回復。答志島や近隣の菅島(すがじま)の漁業者にサワラの曳き釣り漁の指導を行ってきました。このような経緯から、答志島ではサワラの曳き釣り漁が活発になり、現在では一本釣りで漁獲されるサワラがもっとも多く水揚げされるのが和具漁港となっています。

伊勢湾産のサワラは全国トップクラスの脂肪含有量

鳥羽磯部漁協がサワラのブランド化に取り組むようになったきっかけは、二〇一五年二月に鳥羽市、鳥羽市観光協会とともに、鳥羽市の海産物の付加価値向上と海洋資源を生かした観光振興などをめざして発足した「鳥羽市・漁業と観光の連携促進協議会」(以下、協議会)に参加したことです。

協議会は地元の観光振興に向けて、さまざまな議論を重ねましたが、その取組みの一環として注目されたのが鳥羽市の海産物のブランド化でした。ただ、ブランド化には、海産物の安定供給が必要であるため「漁獲量があり、特徴もハッキリしたものは何か」が問われました。そうしたなか、①鳥羽市ではサワラの漁獲量が一〇年以降増加傾向にある、②答志島のサワラは一本釣りで漁獲され、船上

③活け締め作業の様子

④魚用体脂肪計(フィッシュアナライザ)による脂肪含有量の計測

で活け締め※2されているため、鮮度がよいと仲買人から高い評価を得ている、との理由で一本釣りのサワラがブランド化の候補に選ばれました※3。

ところで、サワラの旬は一般的に「春」というイメージが強くありますが、答志島の漁業者の間では「伊勢湾のサワラは『秋冬』の時期にもっとも脂が乗り、おいしい」と経験的に知られていました。そこで同漁協と答志島の漁業者は、旬の時期を正確に把握するため三重県水産研究所の協力のもと、一六年から魚用体脂肪計（フィッシュアナライザ）で定期的に脂肪含有量を計測しました。すると、「伊勢湾産のサワラは一年のうち、一〇月から二月にかけての脂肪含有量が高い」ということが科学的に証明されました。しかもその脂肪含有量は全国でもトップクラスの高さでした。この結果、秋冬に水揚げされる一本釣りのサワラをブランド化する機運が急速に高まりました。

※2　活け締めとは水揚げした魚の頭部にある延髄などに切れ目を入れ、血を抜く処理のことです。
※3　鳥羽磯部漁協の管内では刺し網で漁獲されたサワラも水揚げされています。

ブランドの基準づくりと「三重のチェック」

農水産物のブランド化には、基準づくりが欠かせません。そこで協議会では「一本釣りのサワラの基準づくり」が進められました。特にブランドの中核的な要素となる「脂が乗り、おいしいと感じる基準」については、協議会が食味アンケートを実施。脂肪含有量が一〇パーセントを超えると「おいしい」という回答が多数となることが判明し、脂肪含有量の基準を「一〇パーセント超」としました。

脂肪含有量に加え、「答志島トロさわら」ブランドには次のような基準が定められました。①漁法は一本釣り、②重さは二・一キログラム以上、四・〇キログラム以下、③出荷日当日に漁獲した個体、④魚体の状態は、㋐痩せた個体でないこと、㋑可食部に傷がないこと、㋒変形個体でないこと、⑤答志島、菅島の四支所の産地市場から出荷すること、⑥鮮度維持のため船上で活け締めすること。

また「答志島トロさわら」は出荷開始時期についても基準を定めました。具体的には二〇一八年度の基準は和具浦市場に水揚げされ、無作為に選ばれたサワラ三〇本が前述の①〜⑥の基準を満たすとともに、同サワラの脂肪含有量が平均で一〇パーセントを超えると「答志島トロさわら宣言」が出され、出荷が行われます。また、出荷終了時期の基準については、脂肪含有量が一〇パーセントを下回る、あるいは五パーセント以下の個体が二割を超えた時点で全量計測に切り替えることとしており、基準を満たすことができなくなれば出荷終了としました（二〇一八年度は、一〇月四日に宣言が出されましたが、一九年一月からは水揚げ量が減少したため、一月七日に出荷終了宣言が出されました）。

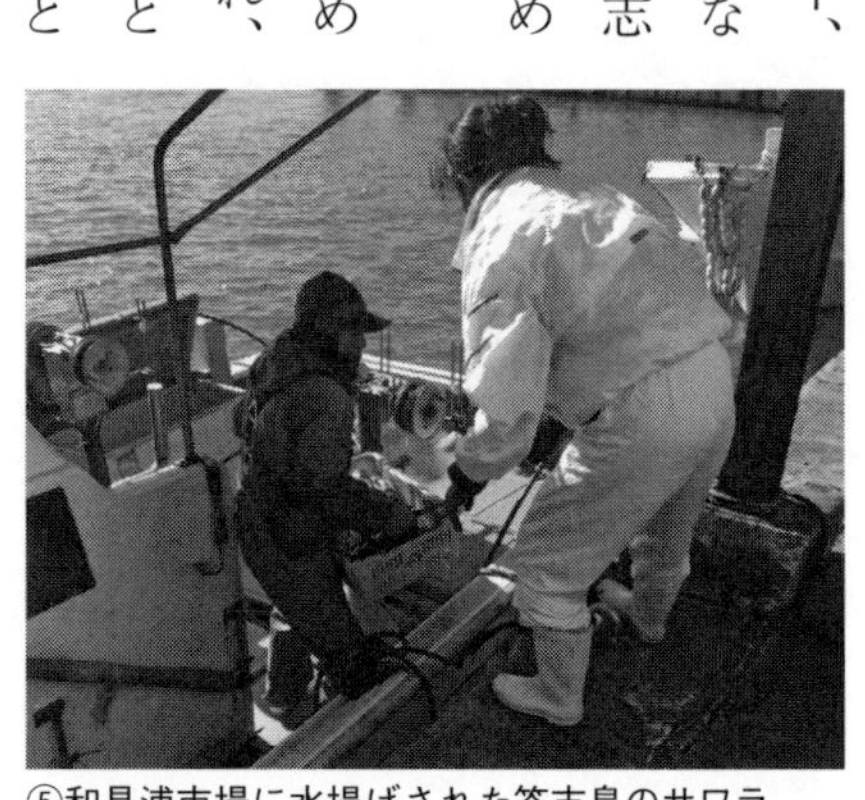
⑤和具浦市場に水揚げされた答志島のサワラ

この基準の導入を受け、同漁協はフィッシュアナライザ一〇台を答志島、菅島の四支所に配備するとともに、担当する漁協職員が正確に使えるように操作方法に関する説明会を開催しました。なお和具浦支所では、漁業者やその家族が競りの準備をするので、漁業者とその家族にも操作方法を説明しました。また競りが行われる和具浦支所の市場では、操作方法を示したポスターが掲示され、漁協職員が巡回し、正しく操作が行われているかどうかのチェックもしています。

それでは、和具浦支所におけるサワラの出荷プロセスを簡単にまとめてみましょう。まず、通常のサワラの場合は、漁業者が目視でサワラの選別を行った後、漁協職員が正確な重量の計測と、キズの有無などの確認作業を実施します。しかし「答志島トロさわら」の漁期の場合は、漁業者があらかじめフィッシュアナライザで脂肪含有量を計測し、「答志島トロさわら」になるサワラとそうでないサワラを選別します。

漁業者が選別したサワラは漁協職員のもとへと運ばれ、漁協職員が重量の計量と目視によるチェックを再び行います。そして「答志島トロさわら」として認定されたサワラは、ブランドタグが漁業者によって装着されます。

その後、サワラは競りにかけられますが、入札時にも仲買人によるチェックが行われ、仲買人の目からみて痩せていたり、傷がついていたりすると、漁協職員によってブランドタグが外されます。このように「答志島トロさわら」は漁業者、漁協職員、仲買人による三重のチェックを経て、出荷されています。

漁協関係者が一丸となった情報発信

「答志島トロさわら」の認知度を向上させる施策は、漁協内部と漁協外部の観点から取り組まれました。まず、漁協内部への取組みについては鳥羽磯部漁協直販事業課の久保田正志氏が、漁協職員や漁業者に「答志島トロさわら」のブランド化の意義や前述したブランド基準を理解してもらうため、視覚教材の作成や説明会を開催し、理解を深めてもらいました。

一方、漁協外部への取組みとしては、久保田氏はまず地元の飲食店や旅館が「答志島トロさわら」を取り扱ってくれるように鳥羽市観光協会を通じ、積極的に売り込みました。また、観光客への対応については ウェブサイトを立ち上げ、「答志島トロさわら」を提供している地元の飲食店や宿泊施設などの一覧を掲載しました。

ただ、ブランド化に取り組んだ当初は、仲買人は「自分の目利きで売っている」という自負があったこともあり、「答志島トロさわら」というブランド名がなかなか浸透せず、魚価も変化しなかったそうです。そこで協議会の関係者たちは、情報発信の重要性を再認識し、鳥羽磯部漁協もマスコミから取材依頼が来ると積極的に引き受けることにしました。また久保田氏が漁業者にブランド化の重要性を説明していたことから、和具浦の漁業者たちは船上での撮影や取材等についても快く対応しました。その結果、二〇一八年度は九番組であったテレビの放映回数が、一九年度には一三番組となり、認知度のアップに繋がりました。

また、組合長の永富洋一氏自らがブランド立ち上げ直後に豊洲市場や横浜市中央卸売市場に出向き、トップセールスにも取り組みました。このような関係者一丸となった情報発信により、「答志島トロさわら」は消費地でも浸透し、仲買人から「『答志島トロさわら』がほしい」という要望が届くまでになりました。

漁業者が取り組む品質改善

答志島の一本釣りサワラ漁は、鮮度の高さで高い評価を得ていましたが、品質改善の余地もありました。その一つがサワラを船内に引き上げる時に使う手鉤（てかぎ）によるキズでした。このキズについては協議会関係者も品質劣化の原因になるため改善する必要があると認識していました。そんなある日、千葉県いすみ市大原で行われるサワラ漁では、三角形の金属パイプに網を貼った道具（以下、すくい網）でサワラをすくい上げているという情報を得、漁業者を含む関係者一同が現地視察に行きました。その後、鳥羽磯部漁協ではすくい網の試作品づくりが始まり、漁業者に試してもらったところ、「すくい網を使うと、釣り上げたサワラの色がわかりづらい」「サワラに網の跡が付く」と採用をためらう意見がありました。

そこで同漁協では、漁業者が独自にアレンジできるようにすくい網の規格書を作成し、配布しました。漁業者はその規格書をもとに、すくい網の改良を進め、最終的には網ではなく、カバーを貼った新型のタモ「サワラーズ」※4を開発しました。このサワラーズは魚体に傷がつかず、これまでよりも鮮度のよい状態を長く維持できました。またサワラーズの上に乗せるとサワラが暴れず、船上での活け締め作業がとても楽になったそうです。すると、長年サワラの曳き釣り漁に取り組み、「鉤の跡は釣りの証」とすくい網の導入に反対

⑥サワラの重量の計測

⑦木札を差し入れて競り落とす仲買人

していた漁業者も相次いでサワラーズを利用するようになりました。

このように手鉤問題が解消したことに加え、脂肪含有量の測定についても一八年度は無作為抽出の個体を対象としていましたが、一九年度は年度の途中から全個体を対象とすることに切り替えました。

これは、「答志島トロさわら宣言」を出した後に、「脂の乗りが悪い」「目視でやせている」「太っているにも関わらず、脂肪含有量が一〇パーセントに達しない」などのサワラが水揚げされていたからです。脂肪含有量の測定は手間と時間がかかりますが、ブランドを守るためには全ての水揚げしたサワラの脂肪含有量を測定することとし、一〇パーセント以上とそうでないものを分けることにしました。

そして二〇年度からは、脂肪含有量の測定は漁期中の全個体を対象に実施することにしました。そのため、出荷終了宣言の時期も無作為抽出されたサワラの脂肪含有量を目安に決定することはなくなりました。また、漁期の終盤でも基準を満たせば、「答志島トロさわら」として出荷し続けることが可能になりました。（二〇年度の「答志島トロさわら」宣言は一〇月一日に出され、翌年一月一二日に終了しました）。

※4 「サワラーズ」という名称は、鳥羽磯部漁協が漁業者にネーミングを募集し、投

⑧漁業者が改良を重ねた「サワラーズ」

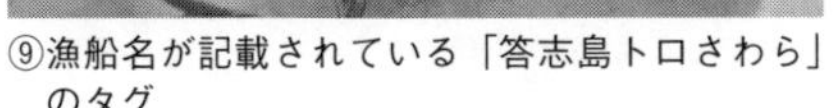
⑨漁船名が記載されている「答志島トロさわら」のタグ

票により決めました。「サワラ」と「触らず」をかけています。

サワラがさまざまな料理に使えること知ってほしい

このようにすべての個体を検査した結果、ブランドタグが付いたサワラは確実に脂が乗っていることから、市場や飲食店からの評価がさらに高まりました。また、二〇一九年度からは、ブランドタグに釣り上げた漁船の名前を入れたシールを貼ることにしました。これは、漁業者から「船名を入れたい」という申し出があったためです。久保田氏は「漁業者が自分の釣ったサワラに責任を持つことはいいことだ。この案をどうにか採用したい」と考え、船名シールが実現しました。

「答志島トロさわら」は、科学的かつ客観的な評価を採用することで、「サワラは春」というイメージや先入観を変えつつあります。同時に漁業者を中心とした品質向上の取組みも進展しました。これらの取組みによって、仲買人の評価も上がり、サワラ全体（タグあり、タグなしを全て含む）の価格は、ブランド化する前と比べて一〇パーセント以上の上昇を果たしました。

また「答志島トロさわら」を求めて、島に訪れる旅行者も増加したり、地元の小学校の授業で「答志島トロさわら」が取り上げられたりするなど、地元の魚としても定着しつつあります。今後は、全国的認知度のさらなる向上に力を入れ、特に「関東圏に向けて、サワラがさまざまな料理に使えること、生食や炙りのサワラが美味しいことを伝えていく」（久保田氏）予定だそうです。

（③写真提供・鳥羽磯部漁業協同組合）

第一三章　みやぎサーモン

リアス式海岸の特徴を活かした宮城県のギンザケ養殖は、一九七〇年代に志津川湾で始まり、二〇一〇年には生産額が六二億円と県内の主要な水産業の一つに成長しました（『宮城県ギンザケ地域養殖復興プロジェクト計画書』）。しかし、二〇一一年三月に発生した東日本大震災によって甚大な被害を受け、風評被害にも悩まされました。そこで漁業者は宮城県漁業協同組合（宮城県下三一の沿海漁協が合併したことで二〇〇七年に誕生。以下、宮城県漁協）の後方支援のもと、生産過程を見直したり、新たな技術を導入したりするなど、様々な課題を一つひとつ乗り越えてきました。この過程で誕生した「みやぎサーモン」は現在、生食がおいしいギンザケとして認知度が高まり、一七年には「地理的表示保護制度（GI：Geographical Indication）」に登録されました。

出典：地理院地図（国土地理院）を加工して作成

風評被害からの脱却をめざして

宮城県の養殖ギンザケは、国内生産量の約九割を占めてきました※1。しかし、バブル崩壊によってデフレが進行したことや、チリ産のギンザケの輸入量が増加（図一）したことで、魚価が低迷しました。また、東日本大震災では、養殖魚、養殖施設のみならず、陸上施設等がすべて流出するという被害に見舞われました。このため一〇年には八一の漁業者（経営体）が養殖を営んでいましたが、震災後は二〇近い漁業者が事業の撤退・廃業を余儀なくされました。

一方、養殖事業の再開をめざす漁業者はがれきの撤去を行いながら、今後は共同で作業を行うことを話し合いで決めました。宮城県漁協の職員は、このような組合員である漁業者の意向をくみ取り、生産再開に向けて、国の支援事業を紹介したり、申請書類の作成を支援したりするなど懸命に取り組みました。その結果、一一年一一月には五七の漁業者が稚魚を養殖施設に入れ、育成することが可能になりました。

しかし、東京電力福島第一原子力発電所の事故に伴う風評被害から買い控えが起こったこと、宮城県産ギンザケの供給減を見込んだ業者がチリ産ギンザケを大量に買い付け、輸入したことにより、一二年の宮城県産ギンザケの価格は大暴落し、一三年の価格も低迷しました。このような度重なる試練を受け、宮城県漁協は、漁業者及

①宮城県漁協本所（宮城県石巻市）

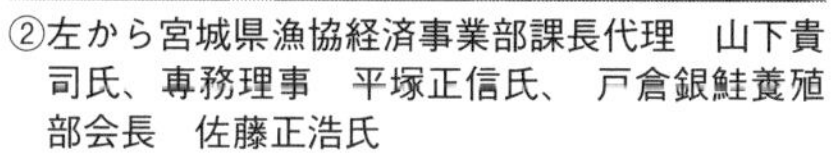
②左から宮城県漁協経済事業部課長代理　山下貴司氏、専務理事　平塚正信氏、戸倉銀鮭養殖部会長　佐藤正浩氏

び市場、流通関係者に声をかけ、宮城県産ギンザケの振興と業界全体の経営の維持発展をめざす「みやぎ銀ざけ振興協議会」（以下、協議会）を一三年に設立、同漁協が事務局を担うことになりました。

協議会では、何よりもまず風評被害からの脱却についての話し合いが行われました。そうしたなか、「県内でも養殖ギンザケの知名度が低い」という課題が認識されるようになり、各漁業者が個別に販売促進を実施するのではなく、共同で実施することで相乗効果を期待しました。そして翌一四年五月に協議会は「ギンザケ祭り」を仙台で開催しました。

※1　ギンザケはもともとオホーツク海や北部太平洋など水温が二〇度以下の水質のよい海域に生息しており、日本では生息していない魚種でした（地理的表示産品情報発信サイトを参照）。

宮城県産米を配合した飼料で育つギンザケ

認知度の向上策と並行して、漁業者を中心とした経営改善の取組みも行われました。なかでも、ギンザケ養殖の経費の六割近くは餌代（飼料代）といわれていることから、ある一定の期間に与えた飼料で魚の重さがどれだけ増加したかを示す「飼料効率」を改善する

図1　ギンザケの輸入量の推移

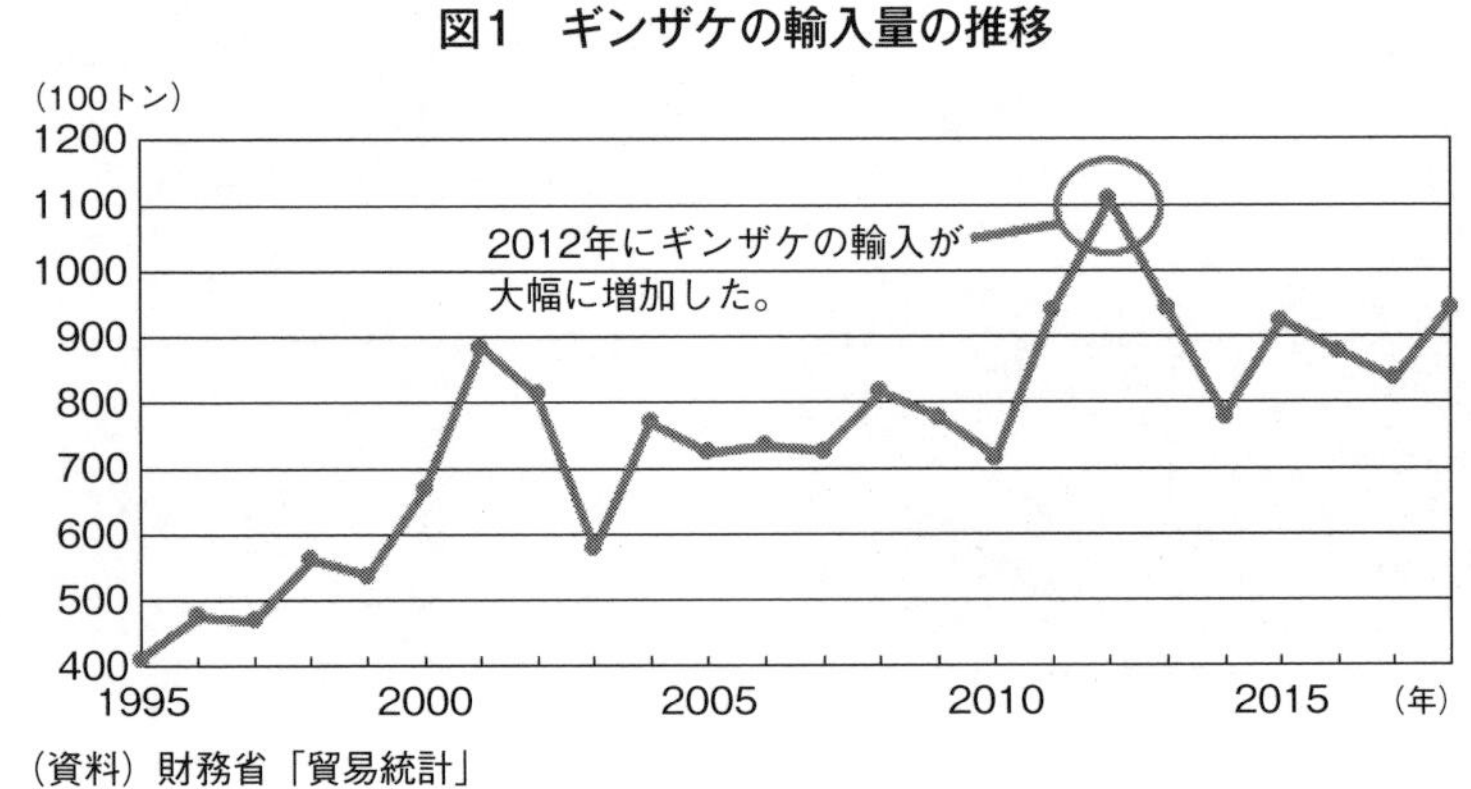

（資料）財務省「貿易統計」

ために給餌方法の見直しが一四年度に行われました。

震災前の宮城県では「ギンザケの餌の食いつきがよい」との理由からＥＰ飼料※2に水を含ませた飼料を与える「加水給餌」が一般的でした。しかし、震災後、ある専門家の指導を受けて、一部の事業者が試験的に無加水給餌を導入したところ、飼料効率が改善したことがわかりました。そこで宮城県漁協は無加水給餌の普及に向け、全事業者の少なくとも一基の生簀（いけす）は無加水給餌で養殖するように組合員に依頼しました。また給餌方法についてのノウハウを共有する場を積極的に設けました。

当時のＥＰ飼料には輸入小麦が含まれていましたが、輸入小麦を宮城県産米に切り替える実証実験も一六年度から同漁協の経済事業本部で取り組みました。

この事業でコーディネーター的な役割を担った経済事業部課長代理の山下貴司氏は、かつて支所に勤務していた時に漁業者が経費節減に苦労していたことから、「為替相場に左右されず、飼料価格を引き下げるためにはどうすればよいのか」ということを心にとどめていたそうです。

そこで専務理事の平塚正信氏の指揮のもと、山下氏は国の補助事業への申請に向けた資料づくりを行い、産学官連携事業としてスタートすることになりました。

飼料開発で中心的な役割を果たしたのは代表研究機関の東北大学であり、米を全国農業協同組合連合会宮城県本部（ＪＡ全農みやぎ）が供給し、民間企業が様々な比率の配合飼料を作成しました。試験用

③志津川湾に面した戸倉地区で行われるギンザケの水揚げ

の配合飼料は、まず陸上において米の配合比率を変えた餌をギンザケに与え、もっとも良い結果となった飼料が海面の養殖現場で給餌されることになりました。ただ、この時の海面実証実験で何らかの不具合が生じた場合、その損失は漁業者が被ることになるため、厳しい判断が迫られました。

そこで山下氏は意を決し、戸倉銀鮭養殖部会長の佐藤正浩氏に実証実験のことを相談しました。この時、佐藤氏は「面白い」という気持ちと、「自分たちが引き受けることは悩ましい」という気持ちが胸に同時に去来したといいます。しかし、為替変動を回避するため将来的には誰かが絶対やらなくてはいけない取組みであることと、震災前は「ギンザケ養殖のことは外部の人々にはわからない」と考えていたものの、無加水給餌など震災後に支援してくれたさまざまな人々から教わったことを試してみると、「目からうろこが落ちる思い」を経験したことを踏まえ、実証実験を引き受けることにしました。

結果は、米を含んだ配合飼料でもギンザケの成長、生存、増肉、味という観点で全く変わりのないことが明らかとなり、「宮城県産のコメで育った宮城県産のギンザケ」という関係者の夢が実現しました。

※2　ＥＰ（エクストルーダーペレット）飼料とは、「エクストルーダー」と呼ばれる造粒機で作成された飼料のことであり、原料を混合・加熱・加圧成型して乾燥させたものです。宮城県では一九九〇年代後半に生餌から人工配合飼料へと切り替わりました。

活け締めなどへの挑戦

また、わが国におけるサーモンの輸入量が増加傾向にあるなか、宮城県産ギンザケが輸入サーモンと比較してどの点が競争優位にあるかを明確にすることは、マーケティング戦略の観点からも重要でした。協議会では、様々な議論を行い、最終的には宮城県産ギンザケは、生食に適しているという「鮮度の高さ」が輸入サーモンと差別化できる最大の魅力であることを再認識しました。

そこで一四年度からは、協議会が漁業者に「活け締め」や「神経締め」※3という鮮度保持の処理技術を学んでもらうための講習会を開催しました。またイベントにおいても活け締めや神経締めを施したギンザケを販売することで、鮮度の高さをアピールすることに努めるほか、市場での聞き取り調査なども実施しました。

これらの取組みで手ごたえを感じた協議会は、ギンザケを特選品として市場に出荷したり、飲食店などに直接販売したりする見通しが立ちました。そこで一五年度からは、生産量の三割に活け締め処理を施すことを目標とし、氷などの適正な使用を呼びかけました。

ギンザケ養殖は、稚魚を一一月に生簀に入れ、翌年三～七月に出荷を行う一年周期の作業サイクルとなりますが、そのなかで高い鮮度を維持するために欠かせないのが手早い出荷作業です。佐藤氏は、ギンザケは魚体が大きく、動きが活発であることから、活け締めをする時に暴れることが少なくないといいます。また気温が上昇する七月の出荷作業は特に手早く処理しないと、身質が低下する原因になるため、まさに「時間との闘い」と言っても過言ではありません。ただ、このひと手間を加えるかどうかで、特別な処理を施さない「野締め」とは味や鮮度が大きく異なることから、漁業者は日々細心の注意を払いながら作業を行っています。

※3　「活け締め」については第一二章答志島トロさわらの脚注2を参照。「神経締め」は、キリなどで脳や背骨近くにある神経を破壊し、血を十分に抜いた後、水温が五度以下に保たれたタンクに漬け込む処理のことです（みやぎ銀ざけ振興協議会資料「旬を極めるみやぎサーモン」を参照）。

ギンザケの広報

漁業者が輸入サーモンとは一線を画した鮮度の高いギンザケ供給体制を構築する一方、宮城県漁協は販路の拡大に力を注ぎました。協議会事務局を兼務する山下氏は、市場調査を兼ねて、スーパーなどで店頭販売や試食販売を幾度となく実施してみると、「ギンザケ」という名称では消費者の反応がイマイチであること気づきました。そこで協議会では、活け締めや神経締めを施したギンザケを「みやぎサーモン」という名称で販売することとし、二〇一七年には養殖魚で初となる地理的表示保護制度への登録を果たしました。

さらに協議会では、この機会を逃さず、マスコミへの情報発信、企業や協同組合との連携も積極的に展開しました。ここでいう企業との連携については、たとえば、「みやぎサーモン」の押し寿司をJR東日本の駅弁として限定販売したり（一七年）、キリンビール「一番搾り　仙台づくり」の限定醸造品記念イベント「ごっつおーを楽しむ会」で「みやぎサーモン」を提供したりしたこと（一八年）です。

また一九年には、「みやぎサーモン」を原料に宮城県森林組合連合会から提供された県産の栗のチップで燻した「みやぎサーモンＳＭＯＫＥ」が発売されました。同商品は、宮城県漁協、宮城県森林組合連合会、ＪＡ全農みやぎが連携した「オールみやぎ」の取組みとしても注目され、関係者の第一次産業発展への願いが込められています。

協議会が企業や協同組合との連携に力を入れるようになると、山下氏自身も、たとえば、出張や旅行で新幹線に乗車した際には、さまざまな広告を見て、「みやぎサーモン」とどのように関係性を構築することができるか、を常に考えるようになるなど、アンテナを高く張るようになったといいます。特に若者を中心にサーモン人気が高まっているなか、若年層に向けた販売促進やプロモーションは、今後ますます重要性が増していくと考えています（一九年には東京オリンピックと輸出を見据えて、「みやぎサーモン」のイメージキャラクターに人気ゲーム「戦国ＢＡＳＡＲＡ」に登場する仙台藩祖伊達政宗と家臣片倉小十郎を採用しました）。

　このような取組みに対し、佐藤氏は漁業者の立場から、活け締めの普及や「みやぎサーモン」の宣伝に力を入れる協議会の存在に感謝し、「厳しい競争のなかで、宮城県産ギンザケが生き残る道は、若い人々の味覚に対応することである」と考えています。

　さらに「安心・安全」の観点からは、宮城県産ギンザケは一一月の稚魚を生簀に入れる池入れから出荷まで抗生物質を一切投与しないで育てられています。このことに加え、生産履歴の管理や、前述した宮城県産の米を使用した配合飼料の給餌など、安全面が年々強化されていることも大きな特徴です。平塚氏は「『みやぎサーモン』の評価がある程度固まれば、進む方向が漁業者にもより明確に伝わることになる。漁協は漁業者と協力して互いに利益を生み出す関係になることが大切であり、漁業者が理解できるようにしたい」と、「みやぎサーモン」の価値の源泉である安全・安心と鮮度保持をベースにこれから

④「みやぎサーモン」と「戦国ＢＡＳＡＲＡ」

も漁業者、消費者など多くの人々からの支持を得ていきたいと話します。

（③④写真提供・宮城県漁業協同組合）

第一三章　みやぎサーモン

第一四章　ひけた鰤

一九二八年、野網和三郎氏が香川県東かがわ市引田の潟湖である安戸池で世界初のハマチ養殖を成功させて以来、引田地区ではハマチを中心にカンパチ、タイなど魚類養殖が盛んに行われるようになりました。しかしその歩みは決して平坦なものではなく、たび重なる赤潮の発生（七〇年代）、飼料価格の高騰（二〇〇〇年代）や魚価の低迷など、様々な問題が立ちはだかりました。しかしそのたびに漁業者は、引田漁業協同組合（以下、引田漁協）に集まって対応策を協議しました。その協議の積み重ねが大型小割生簀の使用や夏の給餌制限といった独自の生産方式を生み出し、今日の「ひけた鰤」（〇八年に「地域団体商標」に登録）に結実しました。

出典：地理院地図（国土地理院）を加工して作成

養殖施設の進歩とハマチ養殖の拡大

戦後に野網氏の養殖事業を受け継いだ引田漁協は、安戸池内でハマチ養殖を自営事業として行いました※1。当時の養殖施設は、入り江を築堤や金網で仕切った「築堤式」が主流であり、多額の資本が必要であったため、養殖事業に取り組む人はわずかでした。しかし、一九五〇年代に化学繊維の漁網が普及したことを受け、網仕切り式施設で養殖が行われるようになると、香川県内で養殖事業に取り組む人が増加しました。

そして一九五〇年代後半から六〇年代前半に小割生簀が普及すると、「小資本・少人数」で養殖事業を行うことが可能となり、香川県内だけでなく西日本各地の沿岸でも養殖事業が相次いで実施されました。

このような養殖施設の変化を受け、引田漁協の組合員は、六六年に組合員自らが魚類養殖を行うことを決議しました。この決議を受け、引田沖の漁場では一経営体（事業者）当たり九メートルの沈下式生簀四台を上限に、組合員による養殖事業がスタートしました。

香川県内は冬の海水温が一〇度以下となるため、ブリ類が越冬す

①世界で初めてハマチの養殖を成功させた野網和三郎氏の像

②ハマチ養殖発祥の地である安戸池

ることは難しく、養殖が可能な期間はおおむね四月から一二月までとなります。そのため引田漁協の漁業者は購入した稚魚（もじゃこ）を春に生簀に入れ、晩秋から冬に出荷します。

養殖事業を開始した当初は、稚魚から一キログラムの大きさになるまで育てて、出荷していましたが、七〇年からは一年魚を購入し、育てる方法も導入しました。さらにこの時期には事業が拡大したことから引田ハマチ養殖協議会（以下、ハマチ協議会）が設立されました。また、七一年からはマダイの養殖も始まるなど、魚種も増加しました。

このように一九七〇年代初頭の引田の養殖事業は、京阪神の需要の拡大を背景に経営が安定するようになりましたが、七二年に播磨灘（香川県、兵庫県、徳島県の海域）で大規模な赤潮が初めて発生しました。赤潮とはプランクトン[※2]が異常増殖する現象であり、大量のプランクトンが養殖魚のえらに付着することで養殖魚を窒息死させます。赤潮は引田漁協管内でも発生し、大規模な被害が生じるようになり、組合員は対策を求めて国会議事堂まで陳情に行く事態となりました。

※1　戦後の養殖施設の変遷については、引田漁業協同組合と香川県かん水養殖漁業

③引田漁協

④引田漁協受付カウンター

協同組合のウェブサイト、岡市友利監修［二〇〇八］『養殖発祥の地　香川　ハマチ養殖八〇周年のあゆみ　野網和三郎生誕一〇〇年・ハマチ養殖八〇周年記念誌』野網和三郎生誕一〇〇年・ハマチ養殖八〇周年記念事業実行委員会を参照。

※2　プランクトンとは、水中を浮遊する動植物のことです。漁業に悪影響を与える赤潮の原因となるプランクトン種は、主にシャトネラとカーレニアです。

赤潮との戦い

海水は風や潮の流れによって絶えず移動するため、赤潮が発生すると被害が多くの生簀に広がります。そのため漁業者は一斉に対策をとることが求められます。そこで、七二年の赤潮発生以降、赤潮対策の事務局として漁業者への情報伝達など大きな役割を担ってきたのが引田漁協です。また漁業者自身も最新の知見を取り入れながら赤潮対策に取り組みました。たとえば、当時発生していたプランクトンのシャトネラには、ハマチよりもマダイに耐性があることがわかり、組合員はハマチとマダイを組み合わせて養殖を行うようになりました。七七年の赤潮発生時には、夏場に赤潮が発生しない小豆島などの海域へ、小割生簀ごと養殖魚を避難させました。

しかし、その一方で漁業者の間に「局所的な対策では引田沖で養殖が続けられなくなる」という危機感が高まり、より抜本的な対策

⑤左から代表理事組合長　網本昌登氏、元組合長　服部郁弘氏、参事　川崎美樹氏

⑥「ひけた鰤」への給餌

が求められました。こうしたなか、ハマチは赤潮発生時、昼間は海面近くに移動し、夜間は海底に潜ることで赤潮をやり過ごしていることが次第にわかってきました。そこで引田沖では水深が三〇メートル前後になることから、標準的な生簀の一辺が一〇～一二メートル程度のところ、一辺が四〇メートルの深くて大きな生簀で実験し、効果を検証しました。その結果を受け八五年から大型生簀（現在は、一辺が二五～三〇メートル）が導入されました。

また、ある年には、赤潮で養殖魚が斃死（へいし）したときに被害が少なかった生簀がありました。その生簀について調べたところ、たまたま漁業者が病気で数か月間、全く餌を与えていませんでした。そこで漁協が研究者と調査を進めた結果、給餌を止めると魚の斃死率が低下することがわかりました。このような経緯から、漁業者は一丸となって夏の給餌制限を取り入れました。具体的には、漁協職員が、毎日、海水を調べ、赤潮の危険性が高まった場合は、給餌制限を知らせる黄色い旗を漁協に揚げ、組合員に周知することにしました。同時に、夏には餌の量を制限し、秋からは栄養価の高い餌を与えるという方法で出荷に適した質量を確保する実験を繰り返しました。現在、給餌制限は赤潮が発生した場合の一般的な対応策となっており、引田漁協では漁業者が守るべき飼育方法の一つとなっています。

二〇〇三年に発生した赤潮では、五億八千万円にものぼる被害が発生しました。この時の赤潮被害は九〇年代以降の魚価の低迷を受け、これまでのように翌年の利益で前年の損失を穴埋めすることが難しくなり、漁業者の養殖事業経営にも大きな影響を与えました。そこで当時、引田漁協代表理事組合長であった服部郁弘氏は、漁協内に赤潮対策技術検討会を設置し、香川大学で赤潮や海水流動を研究している専門家に委員を委嘱しました。同時に、ハマチ協議会では漁業者が積極的に情報を提供し合い、原因を分析しました。

そうしたなか、このときも被害が比較的少ない生簀があり、その原因を調べてみると、生簀が潮流に流されないように生簀の上部と下部を「敷き錨（いかり）」で補強していたことがわかりました。このことは生簀が潮でよれることなく、赤潮発生時にハマチの逃げる場が確保できていたことを意味します。また同協議会の情報交換において、生簀内の魚の密度が高いほど斃死率が高いことがわかりました。

引田漁協では、これらの専門家の提言やハマチ協議会で集約した意見を役員会で検討したり、水槽実験に立ち会って効果を確認したりした結果、〇四年からは小型生簀を大型生簀へと変更・集約し、生簀どうしの間隔を広げました（図一）。

なお、赤潮については、一九七八年以降、香川県および、香川県漁業協同組合連合会が事務局を務める香川県赤潮対策本部が夏に沖合で調査を実施していますが、これとは別に、引田漁協では、毎年六月中旬から八月にかけて水質調査をしています。漁協職員は毎朝、調査地点（三か所）に行き、水深ごとに海水を汲んで顕微鏡で海水を観察し、プランクトン量などのデータをまとめて、漁協本所の前に掲示しています（引田漁協ではすべての職員がこの作業を行うことができます）。この海水分析は半日もかかる作業ですが、組合員にとっては貴重な情報として頼りにされています。

また赤潮の予防としては毎年、二～三月に生簀を撤去し、組合員

図1　2004年に実施した生簀の変更と集約

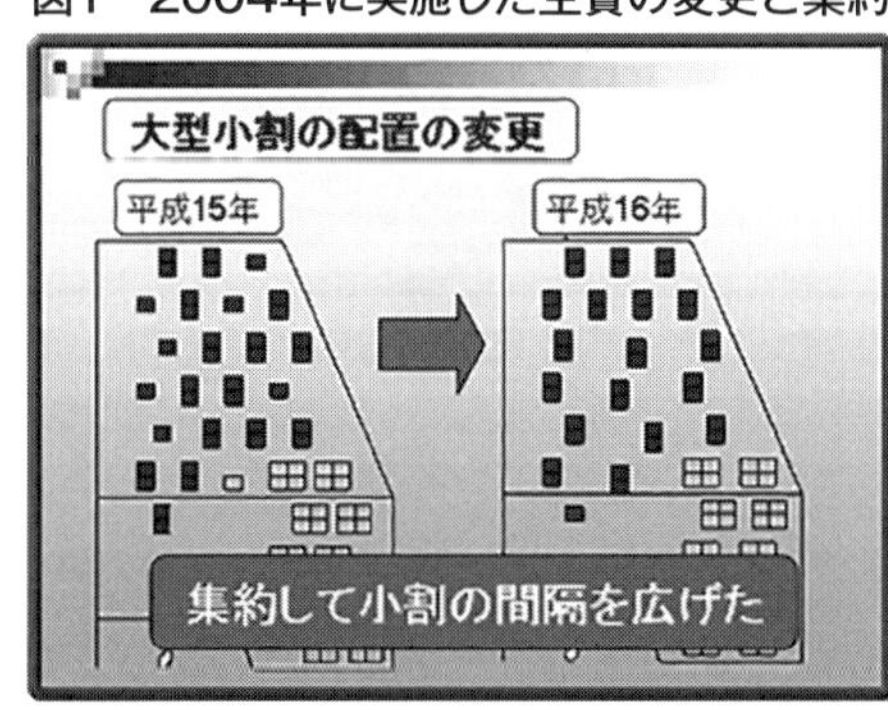

出典：引田漁業協同組合

が海底に溜まった有機物を分解、攪拌するために海底耕耘を実施するほか、漁場環境を維持するために「漁場の健康診断」である漁場指標（生簀の下の汚染状況を示す指標）の調査や、持続的養殖生産確保法に従い、養殖密度や適性養殖可能数量等を定めた「漁場改善計画」を一月に策定するなどの取組みも行っています。

「ひけた鰤」のブランド化

「生産技術が普及するようになると、生産過剰となって価格が下落する」という問題は、農産物だけでなく養殖魚においても存在します。ハマチ養殖はすでに一九八〇年代から養殖の過剰生産が問題となり、香川県では八三年に県内の二年魚ハマチ（一歳魚から育てるハマチ）の養殖尾数の二割を削減するという生産調整を行いました。九〇年代になると、消費の低迷から魚価にも下押し圧力が働き、二〇〇〇年代からは魚価の低迷に加え、飼料価格の高騰により養殖事業経営が厳しい状況となり、漁業者の廃業もありました。

この状況に心を痛めていたのが参事の川崎美樹氏でした。引田漁協では、漁船で漁獲した魚介類の競りを行う産地市場も運営していますが、買い手が減少していたことから、漁協自らが競りに参加す

⑦水質調査のための海水採取

⑧顕微鏡による海水の観察

る資格を取得しました。そして川崎氏は、競り落とした魚介類を小売店に出荷する業務を担当し、同業務で粗利益を三倍にするなど目覚ましい働きをしていました。

そんななか、魚価の低迷に悩むハマチ協議会は、二〇〇〇年代前半に魚価を維持するために「引田」ブランドで養殖ハマチを販売することにしました。具体的には、引田漁協がハマチを買取り、独自に販売先を確保することであり、販売事業に通じていた川崎氏が養殖ハマチの販路開拓業務を担当しました。川崎氏は「牛は地名を付けてブランド化している。養殖魚にも地名をつけて売れないだろうか」と以前から考えていたそうです。引田漁協の養殖ハマチは、「赤潮との戦い」から大型生簀の利用など、他の産地にはない独自の生産方式に基づいて育てています。そこで川崎氏は「ひけた鰤」と名付け、〇四年から販売を開始しました。

川崎氏を中心に「ひけた鰤」のブランド化への取組みが進められていた頃、行政機関や水産関係団体は、二〇〇八年に野網和三郎氏の生誕一〇〇年とハマチ養殖八〇周年を祝う記念事業を開催することを企画しましたが、この記念事業の一環として地域団体商標への登録をめざすことが決まったため、「ひけた鰤」が注目されました。

地域団体商標への登録に向け、まず漁業者、漁協職員、大学教授などで構成される「地域ブランド登録研究会」が発足するとともに、漁業者側では、改めて漁業者間における養殖方法の統一を図ることにしました。

その方法とは、①大型生簀で飼育、②夏の給餌制限、③引田漁協が認めた飼料で育てたもの、という三つの生産条件であり、赤潮との戦いで培われた養殖技術がベースとなっています。そしてこれらの生産条件が厳守されるとともに、大型生簀で十分に運動し、給餌制限が解除された秋から、消化がよく、栄養価の高い餌を食べて大きくなり、晩秋からの海水温低下という引田の自然環境による仕上げで、養殖魚は脂の乗った「ひけた鰤」となります。生産条件以外については、④体重四キログラム以上のもの、⑤引田漁協が責任を持って販売する、ということも「ひけた鰤」のブランド基準に含められました。

また、漁協のウェブサイトでは「ひけた鰤」の歴史、養殖方法、美味しさの理由などを紹介することに加え、漁業者ごとに稚魚の履歴、薬品投与歴、使用飼料履歴などが書かれた漁業者履歴も公開しました。

さらに川崎氏は販売促進のために香川県内の小売量販店を訪問しました。量販店のなかには、すでに養殖魚の年間契約を他の産地と結んでいるなどの理由で断られることもありましたが、地元量販店である「マルヨシセンター」が地元の養殖魚として「ひけた鰤」を評価してくれたことから取引が始まりました。このような地元での販売に加え、引田漁協では県内外での試食イベントやメディアにも積極的に情報提供を行い、認知度を高める努力を続けました。その結果、「ひけた鰤」の二〇〇七年の養殖尾数は二万三三九六尾でしたが、〇八年には九万八九九二尾に増加するとともに、二〇〇八年一〇月に申請してから半年ほどで、地域団体商標に登録されました。

「顔の見える漁業」をめざして

引田漁協が「ひけた鰤」のブランド化を始めてから一五年近くが経過しました。当初のブランド化は価格対策という側面が強いものでしたが、水産庁が二〇一四年に「養殖生産数量ガイドライン※3」を導入したことにより、養殖ハマチ・ブリの価格は現在、ようやく安定して推移するようになり、「ひけた鰤」ブランドがなくても価格面では採算がとれるようになりました。また、「ひけた鰤」として出荷する場合は、漁協指定のシールを貼るなど手間がかかります。そのため読者のなかには「ブランドの重要性が相対的に低下しているのでは」という意見があるかもしれません。しかし、引田漁協の養殖ハマチの生産尾数四〇万尾のうち、「ひけた鰤」ブランドで販売しているのが一〇万尾と全生産量の四分の一のシェアを占めていることを考慮すれば、「ひけた鰤」のプレゼンスは取引先で高まりつつあることが理解できます。

前述した漁場改善計画や養殖生産数量ガイドラインに象徴されるように、今日の魚類養殖は漁場の環境収容力や養殖魚の需給バランスを考慮すると、生産尾数を拡大することは現実的でなく、むしろ安定した取引先を確保することが重要となっています。そのため、代表理事組合長の網本昌登氏は短期的な広告戦略を展開するのではなく、「消費者により多くの情報を発信し、『顔の見える漁業』をめざしている」と話します。

そしてこの「顔の見える漁業」の一環として大切にしている行事の一つが、一一月に開催される「ひけた鰤」の初出荷式です。初出荷式では漁協関係者や漁業者のほかに、地元の小学生や量販店の担当者も出席し、午前一〇時に小学生が見守るなか、漁業者が「ひけた鰤」を丁寧に箱詰めして、トラックに積み込みます。一一時からは、漁協組合長の挨拶や参加者代表のテープカットが行われた後、トラックが発車し、各取引先に出荷されます。式はその後、小学生のためにハマチの解体実演や試食会などが行われます。試食会では大半の子どもたちが初物の「ひけた鰤」に舌鼓を打ちますが、ある年の初出荷式では生食が苦手な小学生が参加していました。しかし、多くの友だちが試食会で食べていた「ひけた鰤」の刺身があまりにもおいしそうに感じたためか、自身も手を伸ばしたそうです。

初出荷式が終了し、幾日かが経過したある日、漁協に「ひけた鰤はどこで買えますか」と問い合わせがきました。話をよく聞くと、前述の小学生が「ひけた鰤」をもう一度食べたいと両親に話したからだそうです。この出来事について服部氏は「漁業者冥利につきる」と顔をほころばせます。

引田漁協の漁業者は、野網和三郎氏の「新鮮で肉質の良い美味な養殖魚を市場に出して国民の食生活を楽しくしたい」という願いを継承し、養殖経営が厳しい時期にも耐えてきました。現在、養殖ハマチの販売価格が反転したとはいえ、依然として厳しい環境のなか、同漁協は組合員とともに安定的に採算を確保できる養殖経営をめざしています。

※3　養殖魚の需給バランスが崩れ、養殖魚の価格が急落すると、養殖業が盛んな地域の経済は大きな打撃を受けます。そこで水産庁は、二〇一四年から養殖魚の需給バランスを保つことを目的とした「養殖生産数量ガイドライン」を導入しました。二〇一九年漁期の生産目標数量は、ブリ及びカンパチが合わせて一四万トン、マダイが七万二千トンとなっています。

（⑥⑦⑧写真提供・引田漁業協同組合）

第一四章　ひけた鰤

第一五章　房州黒あわび

二〇一七年のアワビの全国生産量は九六四トンでしたが、そのうち千葉県が全国第二位の一七七トンを生産しました（千葉県ウェブサイト）。アワビにはクロアワビ、メガイアワビ（赤アワビ）、マダカアワビなどの種類がありますが、生食としてもっともおいしいのがクロアワビとされ、クロアワビの県内生産量の約半分を占めるのが南房総市千倉町に本所を置く東安房漁業協同組合（以下、東安房漁協）です。

千倉町は外海に面しているため、時には風波やうねりの影響を強く受けますが、周辺海域はカジメやアラメ、ワカメといった海藻が生い茂っています。アワビはこれらの海藻を好むため、同地域は一二〇〇年以上前の奈良時代からアワビの産地として知られるようになり、アワビを採取するあま漁も盛んです。一九六〇年代以降は、公害問題や景気の浮き沈みなどの影響を受けましたが、時代が変化しても「千倉の海を大切に守っていく」という漁業者や漁協役職員の高い意識と行動が「房州黒あわび」を支え、豊洲市場で高く評価される所以となっています。

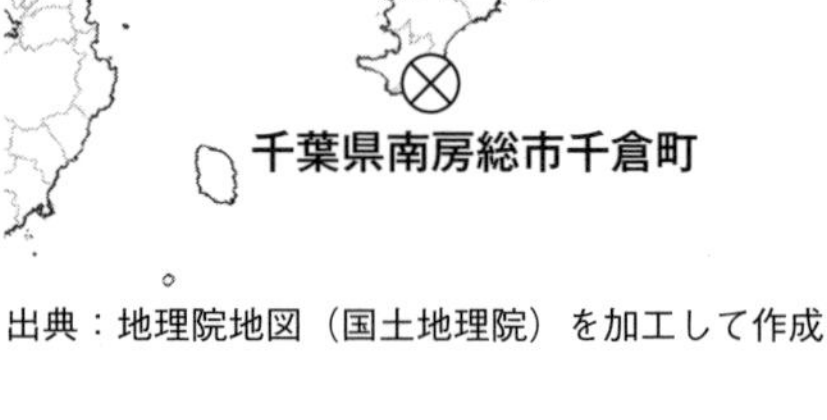

出典：地理院地図（国土地理院）を加工して作成

自らの販路を築くことが組合員の「悲願」

　東安房漁協は二〇一一年三月、四つの漁協が合併して誕生しました。同漁協は、卸売市場への鮮魚の販売事業、道の駅「ちくら・潮風王国」における地元消費者や観光客への鮮魚の直接販売事業、そして輪採方式によるアワビの増殖事業などユニークな活動を行っていますが、これらの事業のルーツは川口漁業協同組合（以下、川口漁協）で実施されてきたものです。

　一九五〇年代の川口漁協は組合員が百人ほどの小規模な漁協であり、あま漁や刺し網漁でサザエ、アワビ、イセエビ、天草などを水揚げしていました。しかし、当時は仲買人から買い叩かれ、近隣の漁協よりも低い価格で販売せざるを得ませんでした。組合員が取引状況を少しでも改善してほしいと仲買人に訴えると、「だったら自分で売ってみろ」といわれ、日々辛い思いをしてきたそうです。そのため川口漁協の組合員は、自らで販路を築くということが「悲願」となっていました。そんな状況のなか、後に房州ちくら漁業協同組合（現在の東安房漁協）の参事を務めた植木泰滋氏が五七年に川口漁協に入組しました。植木氏はほどなく魚価の低さに対する漁業者

①アワビの輪採に取り組んできた東安房漁協本所

②房州ちくら漁協元参事　植木泰滋氏

の不満に気づき、魚価を上げるため漁協がアワビを直販することを計画しました。

この計画をある漁業者に話すと、「状況を改善するためなら自らも血を流す覚悟がある」との返事が返ってきたそうです。この言葉を受けて、植木氏は当時の組合長に直販事業を立ち上げることを提案しました。すると当時の組合長は、新規事業に取り組むためには組織の若返りを図る必要があると判断し、組合長自らが辞任するとともに、四〇歳代の人々を役員に就任させました。この新役員のもと、川口漁協は直売課を創設し、入札に参加できる権利を得て、アワビの競りに参加しました。

「とにかく自らの販売力を高めないとダメだ」

川口漁協は組合員の「悲願」を達成するために直販課を設立しましたが、現実は甘くありませんでした。川口漁協のアワビは当時、箱の蓋に(川)というブランド印を付して築地市場に出荷していましたが、何者かが蓋をすり替えていたため、別の産地のアワビが川口漁協のアワビとして取り扱われていました。そのため出荷しても「捨て値」で買われ、漁協の事業赤字が数年ほど続きました。

③左から南房総支部長　長谷川繁男氏、代表理事組合長　佐藤光男氏、参事　鈴木仁志氏

④道の駅「ちくら・潮風王国」

そこで、総会を開催し、組合員に事情を説明したところ、販売手数料をあげてでも直販事業を継続することが総意としてまとまりました。「とにかく自らの販売力を高めないとダメだ」と考えた川口漁協の役職員は、手分けして民宿やホテルに営業活動を展開しました。すると、民宿などと直接取引するためには、安定的な供給体制を構築することが不可欠であることを理解しました。

そこで漁協は、一九六二年にアワビ・イセエビなどを生きたまま保管する「蓄養施設」を建設し、アワビについては受託販売から買取販売へと切り替えました。その後、販売事業は順調に拡大し、職員も増加しました。また営業活動は「御用聞き」営業に徹したため、アワビ・イセエビだけでなく、魚の出荷も手がけるようになりました。この出荷については、漁協が競りに加わり、購入した地魚を近隣の加工業者や婦人部が下処理をし、民宿などに届けたことから、後の加工事業へと発展しました。

環境にやさしい「わかしお石鹸」の開発

販売事業の推進は、世の中の変化をとらえる機会にもなりました。

一九六〇年代後半、植木氏が海産物の営業活動を行っていると、取引先から「家庭排水は海を汚染する恐れがある」という説明を受けました。そのことがきっかけとなり、川口漁協では当時大々的に宣伝されていた合成洗剤ではなく、環境にやさしい石鹸の利用促進をめざす運動を開始しました。ただ七〇年代になると石油危機の発生による混乱から、環境にやさしい石鹸の生産が難しくなりました。そこで植木氏が原料を生産している工場と、その原料をもとに石鹸を生産できる会社を見つけ、石鹸の生産を依頼しました。こうして誕生したのが「わかしお石鹸」であり、その後、全国の漁家でも使用されました。

全国のさまざまな海の様子を調査した経験がある南房総支部長の長谷川繁男氏は、磯焼けが全国的に深刻な問題となっているにもかかわらず、東安房漁協の前浜に今日も海藻が生い茂っている理由は、「地元の漁家の女性がわかしお石鹸の普及に一生懸命取り組むなど海洋汚染の問題に高い関心を寄せていたことが大きな影響を与えている」と考えています。

輪採漁場で資源管理をめざす

販売事業は一九七〇年代も順調に推移し、蓄養施設が足りなくなりました。そこで、七二年に新たな蓄養施設の建設を計画し、補助金の申請を行いました。しかし、行政当局は「川口漁協の経営規模には不釣り合いな計画である」と判断し、他の漁協との合併を前提に補助金が認められることとなりました。

紆余屈折がありましたが、川口漁協は七九年に近隣の二つの漁協と合併し、千倉町南部漁業協同組合（以下、千倉南部漁協）が誕生しました。ただその一方で七〇年代後半からはアワビなど磯根資源の減少が問題となりました。そこであま漁業者※1は千葉県水産試験場（現在の千葉県水産総合研究センター）とともに毎年放流してい

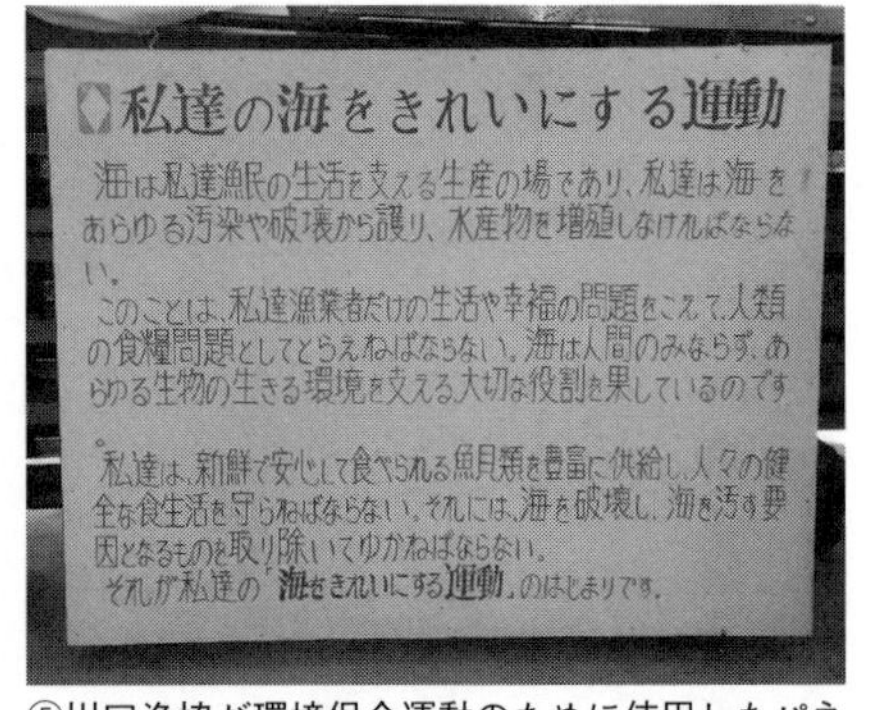

⑤川口漁協が環境保全運動のために使用したパネル（その1）

⑥川口漁協が環境保全運動のために使用したパネル（その2）

るアワビ種苗の定着と育成をめざした研究を開始しました。植木氏も事務部門担当として各種補助金の申請書を作成しました。また漁協職員は海に潜り、コンクリート板にアワビを放流する実証実験を行うなど、あま漁業者とともに汗を流しました。

一九八二年には千倉沖でパナマ船籍の大型貨物船の座礁事故が起こり、漁場に粉炭（ふんたん）が積もるという悲劇もありましたが、研究は継続されました。この結果、アワビ漁場に板状のコンクリート板を設置して稚貝を放流すると稚貝がコンクリート板に付着し、三年後に漁獲サイズのアワビとなることがわかりました。この板の設置は植木氏のアイデアであり、その後はあま漁業者、試験場職員、漁協職員が作業の効率化などの改良を重ねました。これらの研究成果を踏まえ、一九八五年から二年かけてあま漁業者が今後の資源管理や漁場利用のあり方について話し合いを行いました。この議論をもとに千倉南部漁協は漁業経営の合理化をめざした「地域営漁計画書」（八七年）を作成し、全地区をアワビの輪採漁場（海洋牧場）とすることとしました。ここでいう輪採とは、海に三つの区画を設け、一年ずつずらして稚貝を放流することで、毎年切れ目なく水揚げができることをさします。

しかし、一部の組合員からは「なぜ、アワビの輪採研究の参加者だけがいい思いをするのか」「自分の漁業の邪魔になる」といった強い反発を受けました。そこで漁協職員は漁業者間の仲立ちをしましたが、なかには条件のよくない場所しか輪採漁場を確保できない地区もありました。

加えて、漁協が組合員に働きかけたことで、資源管理の観点から「磯では素潜りが原則」であった地区に、「輪採漁場では潜水器を使用」することが可能となりました。これによって輪採漁場での種苗放流や漁場管理・水揚作業にスキューバが使用できるようになり、一九九〇年代から作業効率の改善につながりました。

このような取組みを受け、あま漁業者の意識改革も進みました。地域営漁計画を推進するため、漁協の内部組織として営漁計画実行委員会連絡協議会（以下、協議会）が一九九〇年に設立され、協議会であま漁業者の代表者一六〇人が積極的な情報交換を行いました。その結果、輪採漁場への稚貝の放流や台風後の輪採漁場の保全に加え、地区ごとに監視小屋を設置し、夜間の監視を同協議会の会員が交代で実施するなど、自発的な取組みも進展しました。

一九九七年には、千倉南部漁協は他の三漁協と合併し、房州ちくら漁業協同組合が誕生しました。この合併によって新たな管内にも輪採漁場が広がり、協議会に参加するあま漁業者の収入が安定するようになりました。加えて若手のあま漁業者の育成を進めたことから、定住する若年層も増加するようになりました（二〇一一年、房州ちくら漁業協同組合はさらに合併し、南房総市と鴨川市を跨いだ広域の東安房漁協となりました）。

※1　あま漁業者は、磯という自然環境を前提に漁を行っていることから、漁場ごとに組織化されているのが一般的です。しかし千倉町では相互扶助や福利厚生などを目的に一九七一年から「千倉町あま連絡協議会」という広域連携組織を発足させました。

「房州黒あわび」の四つの基準

東安房漁協が出荷するアワビは、クロアワビとメガイアワビ（赤アワビ）の二種類です。どちらもカジメ、アラメ、ワカメといった海藻を存分に食べて成長するため、大きく、肉厚でうまみが凝縮しています。そのため、豊洲市場では「千倉のアワビしか取り扱わない」という卸売業者もいるそうです。

「房州黒あわび」は、①千倉地区の漁期が五月一日から九月五日、白浜および和田地区が五月一日から九月一五日、②あま着着用による採捕、③殻長が一二センチメートル超、④出荷に品質検査を実施する、という四つの基準を満たしたクロアワビのことです。そして輪採漁場のアワビは、少なくとも三年間は、天然アワビと同じ環境で育つので、「房州黒あわび」に含まれます（ただし、輪採漁場のアワビを採捕できるのは協議会の参加者のみです）。

この基準のうち、①と②は、あま漁業者がアワビを残すために自主的に採用した取組みです。千葉県海面漁業調整規則（以下、調整規則）が定めたアワビの漁期は四月一日から九月十五日までですが、東安房漁協ではアワビの採り過ぎを防ぐため、漁期を短くしています。また、東安房漁協のあま漁業者はアクアラングやウェットスーツを使わず、昔ながらのあま着を着用してアワビを採捕しています。その理由は、長谷川氏によると「海のなかに長時間潜ることができると、すぐにアワビの採り過ぎにつながる。寒い時期は長く潜れないため、漁期の初めに採り過ぎることなく、最盛期の夏に成長したアワビを採ることができる」からです。前述したように千倉町は、太平洋に面しているため波が荒く、出漁機会が限られていますが、

⑦川口蓄養場の水槽

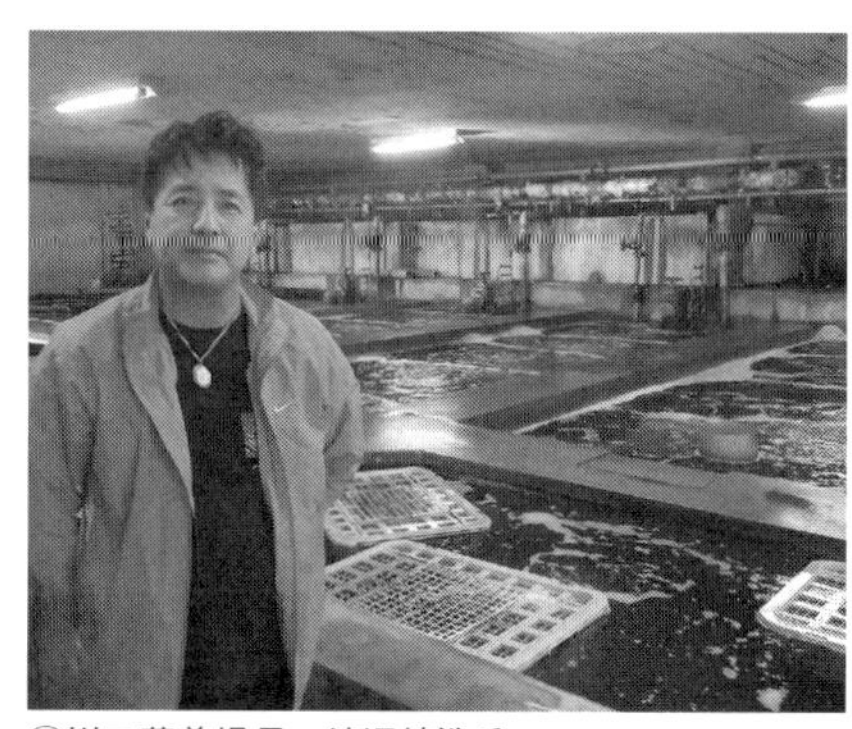

⑧川口蓄養場長　渡辺靖浩氏

そのことに加え、漁期をさらに短くすることで資源管理を行っていることは注目されます。

③については、調整規則で禁じられていることを受けたものです。輪採アワビもこのサイズにならないと採捕しません。またアワビは一二センチメートルになるまでに一回は産卵するといわれています。そのため、輪採漁場は周辺の漁場の稚貝増殖に貢献していると考えられます。

④は、傷などを漁協職員がしっかり見て選別することです。漁業者は金属製のヘラのような漁具を使ってアワビを採捕しますが、その時に肉眼では見えにくい傷をアワビに付ける可能性があります。そのため水揚げされたアワビは川口蓄養場の水槽に浸し、アワビの体力を回復させてから出荷します。また場長の渡辺靖浩氏によると、蓄養場の水槽では時化の日にもアワビを安定的に出荷できるようにアワビをストックしているそうです。

「地域の宝を絶やすわけにはいかない」

東安房漁協の多くの職員は、入組するとアワビ、サザエ、イセエビなどの生態の学習会に定期的に参加しました。そしてその知見が

⑨水槽のクロアワビ

⑩クロアワビの稚貝

今日の輪採漁場をはじめとしたさまざまな取組みに活かされています。たとえば、現在使用しているコンクリート板の表面と裏面には「足」のような突起が五つずつ取り付けられており、この足があることで隙間が生まれます。アワビは暗い隙間を好む習性があるため、この隙間に集まるそうです。また、コンクリート板は、重ければ重いほど潮に流される可能性が低くなりますが、あま漁業者の作業を考え、海中で人が持ち上げられる程度の重量に調整しています。

参事の鈴木仁志氏は、「千倉町は、奈良時代からアワビの名産地であった。この歴史を組合員は誇りに思っているからこそ、乱獲につながる漁法の導入をしない一方、増殖に挑戦してきた。地域の宝を絶やすわけにはいかない」と話します。

⑪改良を重ねてきたコンクリート板

東安房漁協の「房州黒あわび」が全国トップクラスの評価を得ている要因としては、「アワビを後世に伝えなければならない」という組合員や職員の使命感と環境意識の高さに加え、組合員が生活を続けられるためにはどのような取組みが必要かを常に検討し、挑戦し続けてきた組織の革新性があげられます。伝統のなかにも進取の気性を持ち合わすことの重要性を東安房漁協の事例は我々に教えてくれます。

第一六章　丹後とり貝

京都府北部の丹後地方では毎年、初夏に「丹後とり貝」が出荷されます。「丹後とり貝」の特徴は、一般のトリガイに比べて一回り大きく、肉厚であるにもかかわらず、身が柔らかく、味に深みがあるといわれています。

トリガイは環境変化に弱く、漁獲量が安定しませんでした。そこで一九六〇年代後半から京都府水産試験場（〇九年に京都府農林水産技術センター海洋センターに再編。以下、府海洋センター）はトリガイの安定生産に向けた研究を進め、産卵から出荷が可能となる大きさまで育成する技術を確立しました※1。また漁業者や漁協が一丸となって販路を開拓した結果、九九年から本格出荷が始まり、〇八年には「京のブランド産品」、〇九年には「地域団体商標」に登録されました。

出典：地理院地図（国土地理院）を加工して作成

※1　「丹後とり貝」の餌となる植物プランクトンは天然トリガイと同じですが、後述するように天然トリガイが育つ海底より餌の量が豊富な海中にコンテナを垂下（すいか）して育てるため、府海洋センターや京都府漁業協同組合などの漁業関係者は養殖ではなく「育成」と呼んでいます。そこで本章も「養殖」ではなく、「育成」という言葉を用います。

トリガイの安定供給にむけて

京都府の丹後地方は国内屈指のトリガイの産地ですが、トリガイは非常に繊細な貝であることから、出荷量の変動幅が大きいことが課題でした。そこで、当時の京都府水産試験場の研究者は、トリガイの一生を丹念に調べ、稚貝の大量生産技術を確立しました。また育成技術の実用化については、府海洋センターと漁業者が協力して開発しました。

舞鶴漁業協同組合（現在の京都府漁業協同組合舞鶴支所。以下、舞鶴漁協）では、漁業者が「とり貝研究会」を立ち上げ、筏(いかだ)からコンテナを吊るすことでトリガイの育成を試みました。具体的には、トリガイは海底の砂のなかに生息していることから、コンテナに砂を敷き詰め、そのなかに稚貝を入れて網蓋(あみふた)をする方法が考案されました。ただ、トリガイの育成に最適な「砂選び」には苦労したそうです。特にコンテナ内の砂は「引き波」の影響を受けるため、軽すぎると砂が流出し、重過ぎると砂がしまりすぎることになります。そのため、竹、おがくず、砂利など三〇種を超える素材を府海洋センターが試し、結果的にアンスラサイト（無煙炭）に決まりました。

①「丹後とり貝」の育成に注力した京都府漁協舞鶴支所

②身が柔らかく、味に深みがある「丹後とり貝」

トリガイは、環境変化に対する適応力が弱く、餌を人為的に与えることも難しいなど、成長をコントロールすることができません。そのため、適正な生育環境、つまり「いい漁場」を見つけることが実用化のために必要不可欠でした。しかし舞鶴湾は、海上自衛隊の艦艇、大型フェリーの利用もあり、筏を設置できる場所がそもそも限られていました。

とり貝研究会はいろいろな場所を試しましたが、なかには「トリガイが斃死(へいし)する」「生き残るが成長しない」といった場所もあったそうです。その後、府海洋センターは種苗供給体制を整備し、京都府は育成筏の整備支援を実施。一九九九年から舞鶴漁協には特定の水域に筏を設置し、養殖を営む権利である「特定区画漁業権」の免許が交付され、漁業者(七事業者、九人)がその漁業権漁場でそれぞれトリガイ育成を開始しました。

トリガイの育成は舞鶴湾に続き、〇四年に栗田湾、〇八年に宮津湾、一一年に久美浜湾でも始まりました。現在は、舞鶴湾の二〇事業者(二四人)、栗田湾の一事業者(五人)、宮津湾の六事業者(六人)、久美浜湾の一三事業者(一三人)が育成を行っています。またトリガイ育成については、府海洋センターが出した指示をきちんと守りつつも、漁業者は環境に合わせて微調整することが必要となります。そこで各湾には、とり貝の生産者の情報交換の場として「とり貝組合」が組織されました。

漁業者の細やかな気遣い

漁業者は七月に府海洋センターから一センチメートル程度の稚貝を購入し、一つのコンテナに一〇〇個程度の稚貝を入れます。コンテナは水深五~七メートルの海中に垂下されますが、稚貝の時期に安定した水温が続かないと斃死の危険性が高まります。また梅雨に雨量が少ない場合は、夏に海水温が上昇するため、漁業者は梅雨の時期の天候を非常に気にします。

稚貝を入れたコンテナは一～二か月ほどで引き揚げ、付着物など取り除き、砂（アンスラサイト）ごとコンテナを洗います。この時のコンテナの重量は一ケース三〇キログラムほどになるため、引揚げ作業はかなりの重労働になります。成長した稚貝は適正な密度を確保しないと、プランクトンを充分に摂取できなくなるため、一部の稚貝は別の新しいコンテナに移し替えます。さらに砂が少ないと、貝が変形したり、斃死したりする危険性が高まるので砂が減少している場合は補充します。

この作業は重労働であるだけでなく、短時間で行わないと稚貝に負担がかかり、斃死する恐れがあります。その後も一～二か月ごとにコンテナを引き揚げ、同じような手入れを行います。そして出荷直前には、一コンテナ当たり二〇個ほどが適量となります。

トリガイ育成は、コンテナを引き揚げる時期と回数が生育に大きく影響します。舞鶴とり貝組合の川崎洋平氏によると、「早い時期に育成を始め、短い間隔でコンテナの引揚げ作業をすると、年間の

③アンスラサイトのなかで育成される「丹後とり貝」

④「丹後とり貝」の育成に携わる舞鶴とり貝組合の川崎洋平氏

作業数が増えることになります。すると、貝に負担がかかり、大きくなりません。しかし、作業をさぼって貝を放置すると付着物がつき、美味しくなりません」といいます。

また近年は、夏が高温となるためコンテナの手入れ作業がより重要となっており、夏場は午前中に三〜四時間かけて行っています。台風や大雨による塩分濃度の低下、海中の酸素濃度低下等で斃死の危険性が高まる夏を超えると、ようやくひと段落します。年明け以降、トリガイは安定して成長しますが、なかには、変形や原因不明の斃死があり、漁業者は気の抜けない日々が続きます。そして翌年の四月中旬から出荷が始まります。

トリガイの販売に向けた努力

現在、トリガイは京都府漁業協同組合（以下、京都府漁協）が漁業者から買い取り、それを相対で販売しています。トリガイの出荷は一九九九年から始まりましたが、その数年前から漁業者と漁協（当時は舞鶴漁協）が認知度向上に向けた取組みを行いました。

当初は、消費者や飲食関係者に向け、舞鶴市で試食会を開催しました。すると、ほどなくテレビや新聞から取材を受けるようになりました。二〇〇一年からは、舞鶴湾の漁業者は漁協職員とともに、他府県にも積極的に売り込みました。特に前述の川崎洋平氏の父親である川﨑芳彦氏は底引き網漁業をしていましたが、とり貝研究会の代表として、率先して販路拡大に取り組みました。

ただ、営業先では「貝は大きくなると大味になる」と考える人が多く、説明をしても相手にしてもらえなかったそうです。そこで無償でトリガイを配って味を理解してもらうなど、苦労を重ねました。

一方、二〇〇〇年代後半からは漁業者、舞鶴漁協と京都府漁業協同組合連合会（現在の京都府漁協。以下、京都府漁連）などは、殻付き重量が一〇〇グラム以上の大型トリガイを「丹後とり貝」と名付けてブランド化し始めました。そして〇七年からは地元の観光協会などでも「丹後とり貝」を夏の名物として宣伝する取組みが始まりました。

またこの頃になると、トリガイ育成事業は舞鶴湾だけでなく、栗田湾などにも広がっていましたので、各浜の漁業者、漁協、京都府等が一体となり「ブランド推進協議会丹後とり貝部会」を設立し、出荷規格や検査体制等の検討を行いました。

現在の出荷規格は、「大」は殻長八・五センチメートルで一五〇グラム以上、「中」は一三〇グラム以上、「小」は一〇〇グラム以上・一三〇グラム未満となっています。販売額の七割を占める関東では、寿司ネタとして人気があり、大きいサイズから売れていくそうです。

出荷の流れについては、まず京都府漁協が仲買や中央市場から注文を受けると、漁協は漁業者に必要量を連絡します。注文を受けた漁業者は専用の計測器と秤でトリガイを選別した後、漁協に届けます。漁協はトリガイを再度計測した後、専用容器に詰めかえて配送手続きを行います。漁協職員によると、「鮮度保持についていろいろ試し、冷たい水でトリガイが活発に動かない状態にした時が一番よい」とわかったそうです。そこで漁協では、殺菌した冷海水と保冷剤が入った専用容器を出荷時に使用しています。さまざまなプロセスで手間をかけているためか、「丹後とり貝」は天然のトリガイと比べ、消費地に届いたときの生存率が高いと評価されています。

このような努力の積み重ねによって「丹後とり貝」は二〇〇九年に地域団体商標に登録されました。

申請時、漁協や京都府漁連（当時）は、京都府がトリガイの育成に日本で唯一成功したことを示す資料（新聞記事の掲載、テレビの放映状況など）を収集、提出しており、トリガイ育成に並々ならぬ誇りを持っていることが伝わります。

試練を乗り越えて

二〇〇〇年代前半に一千万円台だった「丹後とり貝」の出荷額は、二〇一二年に一億円を超えました。しかし、翌一三年には夏場の高水温や大雨の影響等により、出荷量、出荷額とも、前年の半分近くまで減少しました。

そこで漁業者は、コンテナをさらに深い場所に沈め、低密度育成、網蓋のこまめな交換でコンテナ内の潮通しの改善を試みました。さらに、府海洋センターでは、海水が高温となった場合には、漁業者に対策を講じるように警報を発信するなど、夏場のきめ細やかな育成管理体制が構築されました。また一五年からは、漁場の健全性を保つため、持続的養殖生産確保法に基づく「漁場改善計画」を舞鶴湾、宮津湾、久美浜湾で策定し、各とり貝組合で水温などの状況やトリガイの育成状況を観測し、情報共有することにしました。その結果、一五年の出荷額は一・六億円となりました。

しかし一七年には、冬から春先の餌不足もあり、「実入りが悪い」と販売先から指摘を受けました。漁業者は「『丹後とり貝』に対する信頼を損なう事態となり、これまでの取組みの甘さを痛感した」そうです※2。そこで漁協とともに出荷前検査を見直し、一八年からは、漁業者が四月に各湾からトリガイを持ち寄って、互いに検査しています。その手順は、①殻を剥く前と②水を切った後の状態を目視で確認し、③殻を剥いて可食部分の足の重さを測り、④足を目視するという四段階で実施され、検査対象のトリガイを育成した湾とは別の湾の漁業者が検査を担当します。

この実入り検査の結果を受けて、漁業者は出荷日などを決めていますが、出荷開始後も約二週間ごとに前述の検査を行います。加えて漁業者は京都府の指導を受け、たとえば「中」の基準は一三〇グラム以上ですが、一四〇グラム以上を出荷するなど、より慎重に選別しています。漁協はこのような漁業者の細やかな努力が報われるように「トリガイの生産は手間と経費がかかるため、適正価格で販売したい」と考えています。

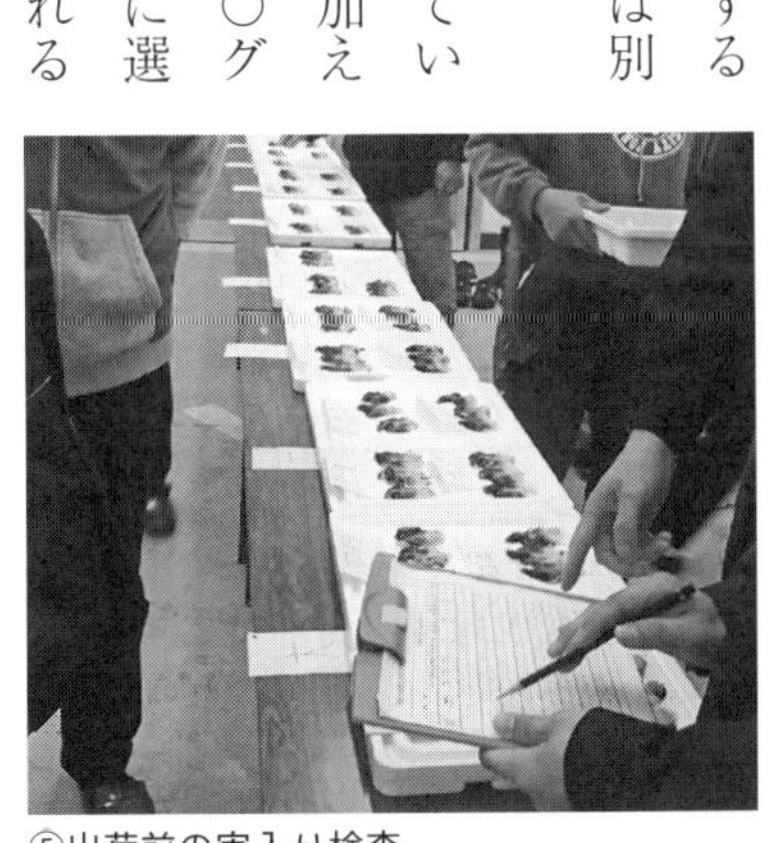

⑤出荷前の実入り検査

「丹後とり貝」は、出荷量がこれまで拡大傾向にありましたが、府海洋センターの種苗供給能力（五五万個）はすでに上限に達しています。また、漁場の環境収容能力を考えると、稚貝をこれ以上増やすことも難しい状況にあります。そのため、現在の出荷量を維持しつつ、価格を安定させるためには、「丹後とり貝」の評価を維持することが大切となります。とり貝研究会の結成時、漁業者たちは「消費者と向き合った漁業」を目標に掲げてきましたが、今後もその目標に向かって漁協、流通業者、行政機関など府北部地域の幅広い関係者と手を携えることを重視する方針です。

※2　川崎洋平［二〇一九］「『丹後とり貝』生産の二〇年の歩み～生産拡大・安定化、ブランド化に取り組んで～」第二四回全国青年・女性漁業者交流大会資料

（①②⑤写真提供・京都府漁業協同組合）（③写真提供・京都府農林水産技術センター海洋センター）

第一七章　越前がに

石川県から島根県にかけての日本海西部海域はズワイガニの一大産地であり、雄ガニの漁期（一一月六日〜三月二〇日）には、多くの人々が「カニ旅行」や「カニツアー」に参加したり、なじみの民宿や旅館（以下、民宿等）を訪れたりして「冬の味覚」を堪能します。

ズワイガニは現在、水揚げされる地域によってさまざまなブランド名が付けられていますが、そのなかでも一キログラム当たりの単価が全国でもトップクラスを誇っているのが「越前がに」※1であり（表一）、ズワイガニのブランド化に欠かせない産地識別タグを全国で最初に導入したのが福井県丹生郡越前町に本所を置く越前町漁業協同組合（以下、越前町漁協）です。

福井県丹生郡越前町

出典：地理院地図（国土地理院）を加工して作成

※1　「越前がに」とは、福井県内の越前、三国、敦賀、小浜の四つの漁港で水揚げされたズワイガニのことであり、雄ガニと雌ガニが含まれます。ただし、脱皮して半年以内の雄ガニで甲羅が柔らかいカニは「水がに」と呼ばれ、「越前がに」に含まれません（福井県農林水産部水産課「『越前がに』漁の解禁」を参照）。また福井県では雌ガニの漁期は雄ガニより短い一一月六日から一二月三一日までとなります。

なお、福井県漁業協同組合連合会は「越前がに」を二〇〇七年に「地域団体商標」、二〇一八年に「地理的保護制度」に登録しています。

「越前がに」ブランドの歴史

表二は「越前がに」に関連した歴史をまとめたものです※2。「越前がに」は安土桃山時代の公卿・三条西実隆（さんじょうにしさねたか）（一四五五〜一五三七年）の日記に「越前蟹」という記述がみられたり、一九一〇年に越前町（旧四ヶ浦町）で水揚げされたカニが皇室に献上されたりするなど、古くから高く評価されてきました。

戦後になると、鉄道網や冷蔵設備などのインフラが整備され、大都市圏に出荷できる体制が整えられたことや、魚問屋や鮮魚店が販売戦略の一環としてズワイガニを「越前がに」「越前かに」という名称で販売するようになったことで「越前がに」「越前かに」という呼称が次第に全国で広がりました。しかし六〇年代後半になると、漁獲量が徐々に減少するようになり、八〇年は二三〇トンまで激減しました（図一）。ただその一方で、八〇年代になると、冬の味覚としてカニの需要が高まるようになり、観光客が越前町にも押し寄せました。「カニ旅行」や「カニツアー」といった旅行案内が冬の風物詩となり、カニ人気がピークを迎えた八九年、福井県

表1　ズワイガニの単価（浜値）の推移

（単位：1kgあたりの単価）

	第1位		第2位		第3位	
2010年	福井県	3,997円	京都府	2,998円	兵庫県	2,723円
2011年	福井県	4,091円	京都府	3,906円	石川県	2,747円
2012年度	福井県	3,907円	京都府	3,396円	兵庫県	2,790円
2013年度	福井県	4,617円	京都府	4,214円	兵庫県	3,302円
2014年度	福井県	5,143円	京都府	3,653円	兵庫県	3,427円
2015年度	福井県	5,211円	京都府	4,992円	兵庫県	4,735円
2016年度	福井県	5,542円	兵庫県	4,702円	京都府	4,199円
2017年度	福井県	5,790円	京都府	4,685円	兵庫県	4,608円
2018年度	京都府	6,009円	福井県	5,531円	兵庫県	4,312円

（資料）福井県農林水産部水産課「『越前がに』漁の解禁」
（注）水がには除く

表2 「越前がに」ブランドの歴史

1511年	公卿・三条西実隆が日記（1511年3月20日付）に「越前蟹」と記す。
1724年	全国の諸藩が幕府に提出した領内産物一覧である「越前国福井領産物」に「ズワイガニ」の名称が初めて登場。
1910年	12月、福井県知事が越前町（旧四ケ浦町）で水揚げされたカニを東宮御所に献上。現在は「越前がに」を皇室を含む5宮家へ毎年1月に献上。
1950年代	鉄道網が整備され、冷蔵設備が整ったことで一般的にカニが全国に普及。
1965年前後	相木魚問屋がズワイガニを「越前かに」という名前で販売し始める（その後、88年に「敦賀名産　越前かに」、95年に「越前かにの名付親」を商標登録）。また、越前町の鮮魚店が「越前カニ直売所」という看板で商売を始める。
1989年	3月、福井県が特産ブランド推進事業によって、福井県で水揚げされたズワイガニを「県の魚」に指定。「越前がに」を統一呼称とする。
1997年	越前町漁業協同組合が全国で初めて「越前がに」に黄色いタグを付けて販売。
2007年	10月、福井県漁業協同組合連合会が「越前がに」を地域団体商標に登録。
2015年	11月、「越前がに」の最高級ブランド『極』（きわみ）の販売開始。
2018年	「越前がに」の価格が1匹・42万円を記録。
	9月、福井県漁業協同組合連合会が「越前がに」を地理的表示（GI）保護制度に登録。

（資料）福井新聞「越前ガニの呼称の謎　1965年頃にブランド化」2001年1月21日付、福井県農林水産部水産課「『越前がに』漁の解禁」をもとに作成

図1　福井県のズワイガニの漁獲量の推移

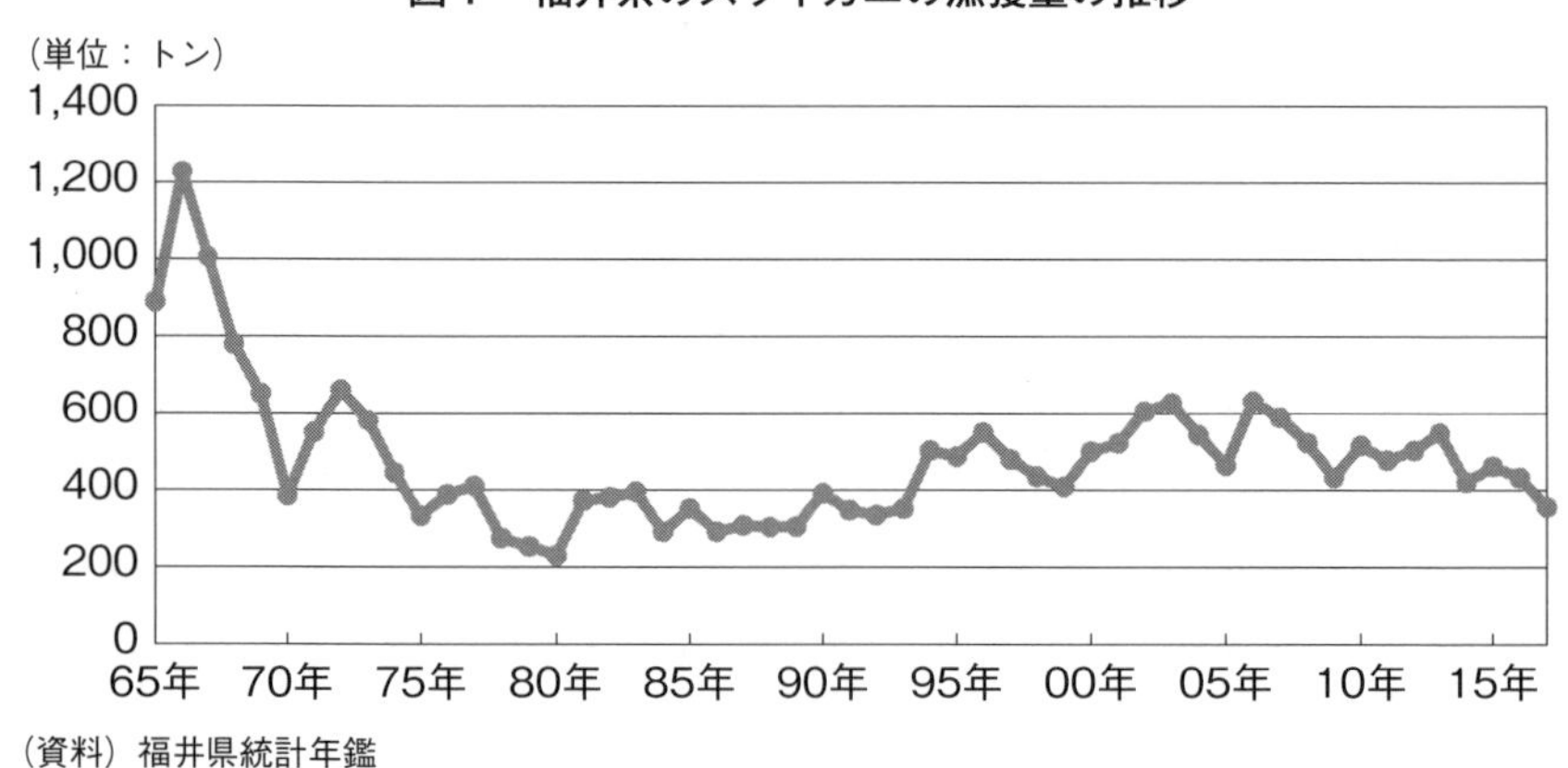

（資料）福井県統計年鑑

は県内で水揚げされたズワイガニを「県の魚」に指定し、身入りのよい雄のズワイガニの呼称を「越前がに」と統一しました。この動きは、「越前がに」が「地域の名産品」というポジションから、その後の「地域ブランド」というポジションへと飛躍する大きなきっかけともなりました。

しかし、漁獲量は依然として低水準で推移したため、魚価が高騰し、地元の民宿等の利益を圧迫しました。そのため一部の民宿等ではコストを引き下げるため、「越前がに」以外のズワイガニ（ロシア産など）を活用するようになりました。このことが多くの観光客の期待を裏切ることになり、「越前まで来てカニを食べる必要はない」「スーパーで十分」という声が高まりました。

このような状況に危機感を抱いた越前町漁協は民宿等に「しっかり対応してほしい」と要請しましたが、顧客の信頼を失った民宿等はその後、立ち直ることができず、廃業しました。

この事態については、越前町の漁業者からも「本物の『越前がに』を味わってほしい」「『越前がに』を他府県や外国産と区別したい」という声が高まり、「タグを付けてはどうか」という意見が持ち上がりました。そこで漁協では越前町や福井県、福井県漁業協同組合連合会（以下、福井県漁連）とも相談を重ね、全国で最初に産地識別タグを取り付けました。なお、タグを黄色にした理由は、カニに取り付けた時に「もっとも目立つ色」であったからです。

産地識別タグは、水揚げされた「越前がに」一匹ずつに取り付けられますが、取付け作業は、船で行う漁業者もいれば、港で行う漁業者もいます。ただカニ同士が爪でお互いを傷つけないようにするための爪先を輪ゴムで縛る作業は必ず船上で行われています。

産地識別タグが導入されたことで、「越前がに」はさらに魚価が上昇するようになり、地域団体商標

（〇七年）や地理的表示保護制度（一八年）もスムーズに登録できました。

しかしその一方で、産地識別タグの導入は、各地のズワイガニのブランド化を後押しすることとなり、産地間競争がより激しくなりました。また地域によっては「最高級ブランド」を創設する動きも加速しました。このような状況のなか、当時の福井県知事は「他府県にブランド負けしてはいけない」との考えから福井県漁連などに積極的に働きかけ、「越前がに」の最高級ブランド「極（きわみ）」が一五年に誕生しました。

ただ当時は、高品質の「越前がに」が一匹五万円台で競り落とされていたこともあり、漁業者の間では「最高級ブランドをつくっても誰が買うのか」と懐疑的な意見が多かったそうです。しかし、「極」は多くの人々の予想に反して高値が付き、一八年には一匹四二万円を記録しました。

「極」の選定基準（越前町漁協の基準）は、爪や脚がすべて揃い、重さが一・五キログラム以上であることに加え、身入りのよさを示す硬さやカニの色も加味されるなど、「妥協が許されない」（越前町漁協業務部販売課第二課長の清水高幸氏）といわれています。その

①越前町漁協業務部販売課第二課長　清水高幸氏

②一匹ずつ漁協の嘱託職員によって計量される「越前がに」

ため水揚げ量も少なく（「越前がに」の全体の約〇・〇五％）、「極」に選定されると競り場には歓声があがります※3。

※2　一九六五年頃までの「越前がに」ブランドの歴史については、福井新聞「越前ガニの呼称の謎　一九六五年頃にブランド化」二〇〇一年一月二一日付を参照。

※3　黄色い産地識別タグや「極」のタグは漁業者が漁協から購入します。地理的保護制度登録後の産地識別タグの管理については、足の本数が少ない「足折れ」などで販売できず、漁業者が自家消費したカニに付けたタグ数、カニに付けることなく残ったタグ数も越前町漁協に申告し、漁協は実際に渡したタグ数と照らして確認するなど、数量管理を徹底しています。

「越前がに」ブランドを支える高い鮮度と公正な値付け

産地識別タグの導入は、「越前がに」というブランドの構築に大きく貢献しましたが、「越前がに」が観光客や地域の人々から高い支持を受けている理由は、少なくとも次の二つの要因があります。まず一つ目は鮮度の高さです。カニ人気が高まった一九八〇年代、ズワイガニは主にボイルで食べられていたため、鮮度の高さはさほど求められていませんでした。しかし九〇年代になり、小型船にも冷海水槽が設置されると、活魚として出荷されることが主流となり、高い鮮度が要求されました（活魚で水揚げされるようになったことでボイル以外にも、刺身や焼き物など調理のバラエティが広がりま

図1　底びき網漁法のイメージ図

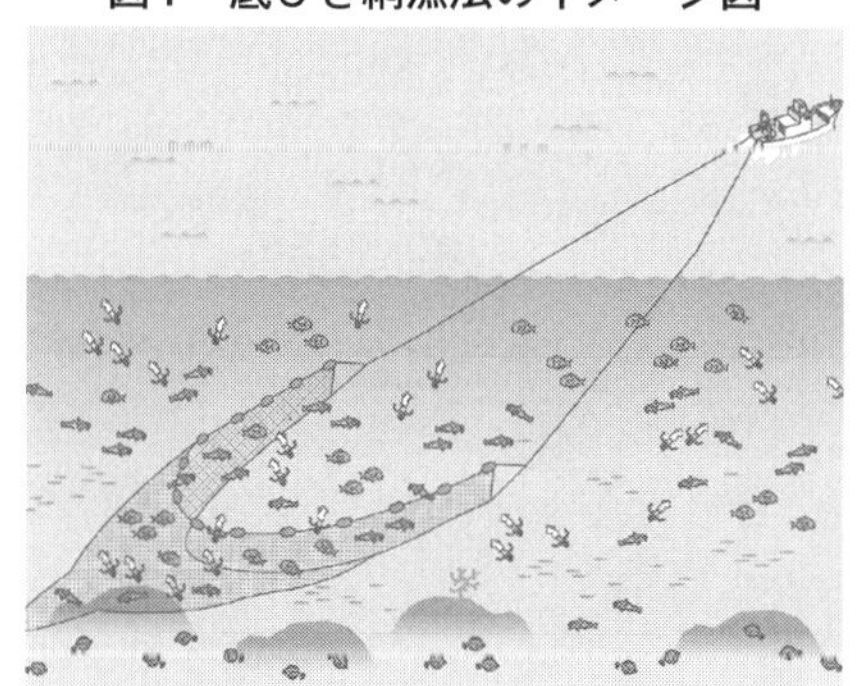

出典：農林水産省

③キズが付かないように爪に取り付けられた輪ゴム

した）。
幸い、「越前がに」漁の中核を担っている越前町漁協の漁場は、他の漁港よりも近くにあるという地理的優位性があり、小型の底びき網漁船の場合は三〇時間以内に帰港して、素早く競りに出すことができます。そしてこの高い鮮度が産地間競争を勝ち抜く競争優位の源泉ともなっています。

二つ目は、仲買人が適正な価格で購入できるように、きめ細やかな値付けを実施してきたことです。越前漁協の競りは、まず漁協の嘱託職員（元漁業者）が水揚げされた「越前がに」の重さをすべて計測するとともに、爪と脚のすべて揃ったカニを九階級に区分します。その階級は、〇・五キログラムからはじまり、最重量の階級は一・三キログラム以上となります（脚の本数が少ない「足折れ」といわれるカニは別途並べられます）。

その後、重量の重い順に競りが実施されますが、競り落とした「越前がに」のなかにも、時には身が柔らかいカニなどが含まれています。すると仲買人は身の柔らかいカニの落札を取り消し、もう一度競りにかけてもらうことを要求し、再度競りが行われます。

このことについて、専務の小倉孝義氏は「競りを一度だけにする

④競り場に重さごとに並べられた「越前がに」

⑤競りにかけられる「越前がに」

と、一時間でも二時間でも時間を短縮できるはずである。しかしきっちり競りをすることが、何よりも大切である」と話します。

また昨今注目されているカニ漁の解禁日（一一月六日）に実施される初競りの「ご祝儀相場」についても、代表理事組合長の小林利幸氏は「漁業者が一生懸命取ってきた魚をイベント化するには抵抗がある」と苦言を呈し、適正な価格での流通にこだわります。

このような「効率性を求めるよりも、公正な値付けを追求するスタンス」は仲買人や民宿等、地域の事業者のビジネスを根底から支える「インフラ」ともなっており、公正な値付けが「越前がに」ブランドの基盤になっていることは注目されます。

⑥左から越前町漁協組合長　小林利幸氏、専務　小倉孝義氏

越前網の使用と海底耕耘による資源保護の取組み

ズワイガニの漁獲量が八〇～九〇年代にかけて大きく減少したことを受け、越前町漁協では資源保護にも積極的に取り組んでいます。福井県では現在、カニの甲羅の幅が基準以下の場合は漁獲を制限する甲幅の制限や漁期の短縮などについては、国の省令よりも厳しい独自の基準を採用していますが、資源保護の観点から注目されるのが越前網の使用と海底耕耘の実施です。

ここでいう越前網とは、カニとカレイを取り分ける網のことであり、カニの禁漁時期にカレイを漁獲する際、カニの混獲を防ぐことができます。この越前網は越前町漁協が水産試験場と試行錯誤を重ねて開発し、実用までに五年を要したまさに努力の結晶です。現在では、その効果が高く評価されているため、多くの漁協が視察に訪れるとともに、越前町漁協も依頼があるとさまざまな漁協で説明会等を行っています。

また海底耕耘とは、カニ漁の禁漁期間である六月に海底の堆積物をかき混ぜ、プランクトンの繁殖を促すことで、カニなどの水産資源が生息しやすい環境を創出する取組みです。ただ海底耕耘を開始した当初は、日本の領海に放置していた韓国の漁業者の漁具が大きな問題となり、これらを撤去することから始めなければなりませんでした。しかし、このことに韓国側が反発し、越前町漁協に損害賠償を請求する事態となりました。「このままではカニの漁場が潰されることになる」と危機感を抱いた越前町漁協の組合員らは、多くの人々に海の状況を理解してもらうため東京でデモを実施し、このことが、日韓漁業協定が見直されるきっかけの一つにもなりました（最終的に越前町漁協は損害賠償金を支払いました）。

「『越前がに』とは、漁師のプライドの結晶である」

以上、越前町漁協における「越前がに」ブランドの取組みを概観しました。

「越前がに」が今日、ズワイガニのトップブランドの一つとして名声を博すようになった理由は、産地識別タグの導入、鮮度へのこだわり、適正な価格形成をめざした競りの実施、海底耕耘の実施にみられる資源保護など、「本物の『越前がに』を味わってほしい」という思いを実現するために、漁業者がさまざまな努力を積み重ねてきた結果であることがわかります。そのため小倉氏は「『越前がに』ブランドとは、漁師のプライドの結晶である」といいます。

ただ、昨今の魚価の高騰が持続可能であるかというと、小倉氏は「必ずしもそうではない」と考えています。いうまでもなく農林水産物をブランド化する目的の一つは、魚価を向上させ、漁業者の所得を向上させることにあります。そのため魚価の向上という観点から評価すると、「越前がに」ブランドは大きな成功を収めたといえます。しかし、その一方で「越前がに」は越前町の観光資源でもあるため、魚価の高止まりは、リピーターを減少させることにもなりかねません。したがって、観光という観点を加味すると、「越前がに」の魚価は「多くの人々が来年もまた越前町を訪れたい」という意欲が維持できる範囲内にとどまることが好ましいことになります。魚価が高止まりするなか、越前町漁協が今後、「フードツーリズム」の観点からどのような戦略を検討していくかにも注目が集まります。

第一八章　佐島の地だこ

神奈川県南東部の三浦半島に位置する横須賀市大楠漁業協同組合（以下、大楠漁協）の管内にある佐島漁港、秋谷漁港、久留和漁港、芦名漁港で水揚げされたタコ（マダコ）は、佐島漁港に集められ、入札にかけられることから「佐島の地だこ」と呼ばれてきました。「佐島の地だこ」の特徴は「味の濃さ」にあるとされ、築地市場の関係者や料亭などの料理人の間では、兵庫県明石海峡周辺で水揚げされる「明石だこ」とともに「西の明石、東の佐島」と並び称されてきました。ただ、今日のように「佐島の地だこ」の評価が高まった理由は、タコの味だけでなく、漁業者、漁協職員、地元の仲買業者が一体となって生きたまま鮮度の高い状態で出荷する品質管理を確立したためであり、このことはあまり知られていません。

出典：地理院地図（国土地理院）を加工して作成

磯の豊富な魚介類を食べて成長した「佐島の地だこ」

大楠漁協管内の相模湾東側は、岩礁や磯など複雑な地形となっています。この自然豊かな岩礁を棲み家としているのが、サザエ、アワビ、イセエビであり、「佐島の地だこ」はこれらの貝類や甲殻類を豊富に食べて育ちます。横須賀市佐島地区の漁業者の間では、「イセエビの漁獲量が多い年はタコも豊漁」といわれていることから、「佐島の地だこ」は特にイセエビが好物なのかもしれません。このような食性が影響しているためか、地元の漁業関係者の間では「味が濃い」といわれてきました。また、佐島付近は黒潮の支流が三浦半島にぶつかる地域でもあるためか、「身が引き締まり、足が太い」といわれてきました。

タコ漁は一般的に、タコ壺、タコかご、潜水の三つの漁法で漁獲されます。「佐島の地だこ」のほとんどはタコ壺やタコかごで採捕されますが、潜水漁を営む漁業者がタコを捕まえることもあります。しかし三つの漁法とも生きた状態で水揚げされるため、その美味しさに変わりはありません。

タコ壺漁は、一度の漁で何百から何千もの壺を投入し、その後は

①佐島漁港の競り場

②大楠漁協

機械で引き上げる漁法であり、久留和地区で盛んに行われています。それに対して、タコかご漁は、一本の綱に一〇前後のかごを付けて仕掛ける漁法であり、一度の漁で一〇〇かご程度を投入します。またかごを引き上げるのも人力であり、主に佐島地区で行われています。

カゴを仕掛けるポイントは漁業者の経験と勘に基づいて決定

佐島地区でタコ漁に携わる漁業者は、タコを専門的に漁獲しているのではなく、他の漁業と組み合わせて生計を立てています。タコの盛漁期（せいぎょき）である六～七月は、イセエビなどを漁獲する刺し網漁業が禁漁期間となるため、地元の漁業者にとってはまさに「恵みのタコ」となります。大楠漁協青年部に所属する平野敏幸氏は、シラス漁を主体にタコかご漁も行う佐島地区の漁業者です。

平野氏のタコかご漁は、一回の漁で一〇〇かご程度を仕掛けており、餌には生きたカニや地元の定置網にかかった売り物にならない魚などを使用しています。漁で使用するかごは、金属のフレームに網が張られており、かごの真ん中に設置した餌を目当てにタコが侵入すると、抜け出せない仕組みになっています。しかし、時にはか

③「佐島の地だこ」や「湘南シラス」の加工を行う平野水産

④タコかごの仕組みを説明する平野敏幸氏

この網を破って逃げ出すことがあるなど、タコは器用な存在であることがうかがえます。

カゴを仕掛けるポイントについては、漁業者の経験と勘に基づいて決定しますが、平野氏は「タコは水深一〇〇メートルの深さのところまで生息しているが、タコかご漁は漁業者が手でかごを引き上げるため、磯根を狙い、浅瀬から水深一五メートルまでが主流である」のだそうです。そしてめざす水深でかごを海底（岩礁）につけるため、潮の流れから逆算して、綱の長さを水深よりも長めにとってかごの位置を調整します。

タコかご漁は、天気の変化を見極めることが重要であり、時化の前にはかごを引き上げたり、風が強い日には漁を中止したりするなど、漁に出ることができる日は案外少ないそうです。このようにタコかご漁を行う機会が少ないことに加え、小さなタコは海に再放流するという不文律が漁業者で共有されており、タコの漁獲量は安定しています。

「佐島の地だこ」の名声を支える人々

漁業者が捕ったタコは、佐島港で入札にかけられ、生きたまま消費地市場に送られます。そして活タコとして出荷するために漁業者、漁協職員、仲買業者は協力してさまざまな工夫をこらしてきました。

その一端を佐島港の一角にある産地市場の入札からみていきましょう。「佐島の地だこ」の入札は、午後二時頃に始まります。漁業者は入札が開始される一時間前ぐらいから、一匹ずつ「タコ袋」と呼ばれる網袋に入れた状態でタコを市場に出荷します。タコ袋を使用するのは、タコが逃げるのを防ぐとともに、他のタコの足をかむことなく、長い時間ストレスなく過ごすことができるようにするためであり、仲買人、漁業者、漁協が話し合って導入が決まりました。

タコは入札前に重さごとに特大（三キログラム以上）、大（一・二キログラムから三キログラム未満）、中（〇・八キログラムから一・二キログラム未満）、小（〇・五キログラムから〇・八キログラム未満）と四つの階級に分けられます。重さの計測と記録は漁協職員が二人一組となって行い、その後、サイズ別の生簀（いけす）に移されます。生簀には、海水がかけ流しで供給されているため、タコは十分に呼吸を行うことができます。

一方、漁協職員は、漁業者が提出した記録に基づいて、それぞれの階級のタコの個数などが書かれた集計表を用意します。入札に参加できる権利である「買参権」をもつ人々は、集計表の情報と生簀のタコをみて、階級ごとの購入希望個数とキログラム当たりの単価を漁協職員に提示します。漁協職員はその情報を集計し、もっとも高い価格を提示した人にタコを販売します。そして漁協職員は、黒板に特大・大・中・小の別に入札結果である一キログラム当たりの単価を書き込みます。これが翌日以降の相場の参考指標となります。

落札されたタコの大部分は、タコ袋に入れられたまま、豊洲など消費地市場に輸送されます。近年でこそマダコを活魚として出荷す

⑤「佐島の地だこ」を計量する大楠漁協職員

⑥サイズ別に区分けされた生簀

る市場も少なくありませんが、三〇年ほど前までは茹でダコを出荷することが主流でした。そこで、大楠漁協参事の藤村幸彦氏によれば、佐島の仲買業者は活タコの輸送方法を研究しました。また、タコの鮮度がいい状態を長く保つことができるように漁業者、漁協職員、仲買業者が一体となって試行錯誤を繰り返しました。このことが「佐島の地だこ」の名声を市場関係者や料亭などで一層高めることに貢献しました。

一五年間ノウハウを蓄積してきた「茹でダコ」

「佐島の地だこ」は、推計で九割近くが横須賀市の外で流通していますが、大楠漁協は地元での消費にも注目しています。前述の平野氏は、漁獲した水産物の加工、直売もする経営者でもあります。平野氏の直売所における看板商品は「釜揚げシラス」ですが、地元の飲食店などからはタコの注文も多いといいます。特に土、日曜日は西浦地域に観光客が押し寄せることから、それに合わせて直売所の水槽でタコを生かしておき、まとめて茹でることにしています。

タコの加工（茹でだこ）は、個人間で差があります。平野氏の場合、①タコを生きたまま締める、②頭をひっくり返して内臓をとる、

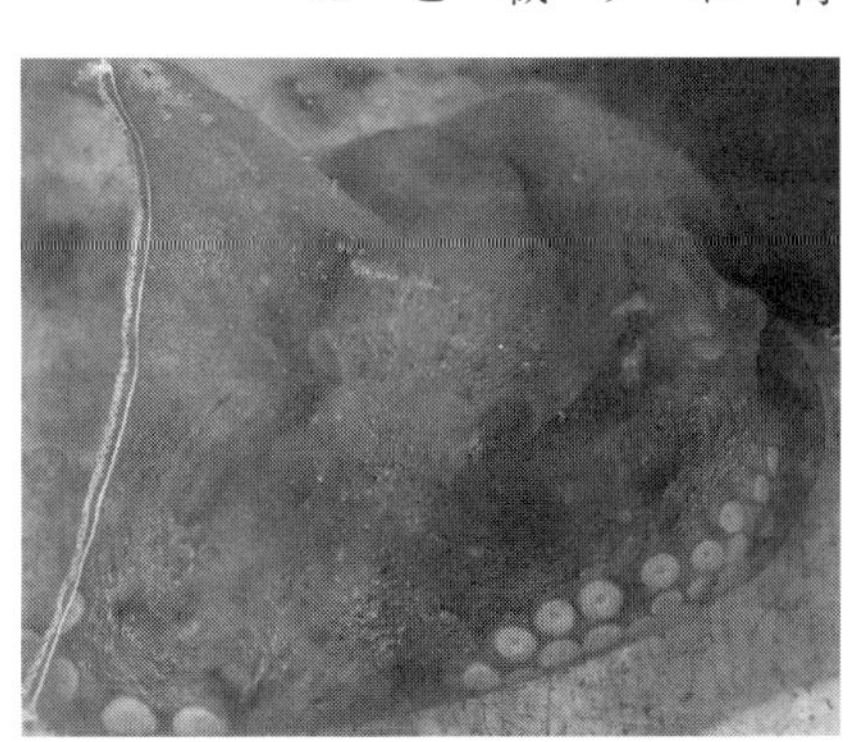
⑦「タコ袋」に入れられた「佐島の地だこ」

⑧「西の明石、東の佐島」と評されている「佐島の地だこ」

③頭をもとにもどして、塩もみをしてぬめりを取る、④真水につけて塩抜きをする、⑤茹でる、⑥茹であがったら氷水で冷やす、という六つの工程を経ます。

なかでも、③のぬめりとりは、タコの味を左右する重要な作業です。平野氏は一度に四〇キログラムほどのタコを機械（ドラム）に投入しますが、この際、丹念に塩もみを行うとともに、ゆであがった時に足が丸くなるように気を配ります。また、⑤の茹でる工程においても、タコの大きさや顧客の要望によって茹で時間などを変化させています。大釜の茹で汁には、タコの貴重な出汁（だし）が十分にしみ出しているため、再利用することにしています。茹でる温度は、あまり高温であるとタコの皮がむけてしまうことになるので、温度管理にも注意を怠りません。茹でだこは、身を固く茹でると、消費期限が長持ちすることになりますが、風味を大切にしたいため、なるべく柔らかく茹でることにしています。

そのため衛生的に問題が生じないように茹であがったタコは、⑥の冷却で芯までしっかり冷えるようにします（通常は一般消費者向けには柔らかく茹で、寿司ネタ用には固めに茹でるそうです）。この茹でる技術は、約一五年にわたって顧客の要望や意見を取り入れつつ改善を重ねて蓄積してきました。

「佐島の地だこ」を知り尽くした平野氏がもっとも好きな食べ方は、定番のショウガ醤油か、ぶつ切りをネギと麺つゆで頂くことだそうです。一方、平野氏の妻の美智江氏は「『佐島の地だこ』はそのまま食べてもおいしいが、味が濃く、かつ、弾力と深みがあるため調理しても料理が引き立つ」と話しま

⑨15年間ノウハウを蓄積してきた「茹でダコ」

す。また美智江氏は「漁業者ががんばって漁獲したものを無駄にするのは忍びない」という気持ちから、タコの鰓(えら)のチャンジャ（唐辛子で味付けした塩辛）やタコの卵を塩茹でし、味付けした商品を開発し、食材としてのタコを余すところなく活用することに力を入れています。

青年部でタコを販促

「佐島の地だこ」は、市場関係者や料理界では「東の横綱」として認知されるようになりましたが、最近では一般の消費者にもその味の魅力を伝えるため、ブランド化にも力を入れています。具体的には二〇一五年にかながわブランド振興協議会（事務局は神奈川県農業協同組合中央会）が運営する「かながわブランド」と全国漁業協同組合連合会を中心としたＪＦグループが運営する「プライドフィッシュ」に認定されました。また同じ時期に大楠漁協に青年部が発足し、地元の行事があるときは、「佐島の地だこ」を焼タコにして販売するなどファンづくりも始めました。

現在、大楠漁協では「佐島の地だこ★地魚情報局」というウェブサイトを運営し、「佐島の地だこ」をはじめ、佐島の旬の地魚情報や直売情報を発信しています。大楠漁協の今村晃太郎氏は「今後も漁協として、組合員の収益を上げることを考えていく」という思いから、茹でダコの冷凍保存方法を模索しているそうです。また、足が八本揃わないタコは安値で取引されますが、タコの味には全く影

⑩大楠漁協　今村晃太郎氏

響がありません。そのため、このような値段が安くなるタコを地元の消費者に販売することにも力を入れていきたいと考えています。

第一八章　佐島の地だこ

補論　外房キンメダイの資源管理

近年、「漁業者は早い者勝ちで魚を獲るから、乱獲に陥る」という意見が、新聞や雑誌、書籍などで散見されるようになりました。しかし現場の漁業者は、海の生態系を理解しており、休漁、漁具・漁法の制限など、自主的に水産資源を守るためのルールを話し合いで取り決めているのが現実です。一般的にこの傾向は沿岸に近い漁場を利用する漁業者ほど強く、長い歴史があります。房総半島南東部の沖合漁場を共有している漁業者は、漁場における紛争防止や資源管理を目的に千葉県沿岸小型漁船漁業協同組合（千葉県勝浦市）を自主的に設立し、運営してきました。ここでは、同漁協の歴史と、キンメ部会の活動を紹介します。

出典：地理院地図（国土地理院）を加工して作成

地域の漁協組合員が加入する「船団組合」

江戸時代の漁業制度は「沖は入会、磯は地付き」といわれてきたように、陸地に続く海面は、漁村による自主的な管理のもとで構成員が利用する一方、沖はさまざまな地域の漁業者が基本的には自由に利用するという原則のもと、水産資源が管理されていました。

明治時代以降、磯などを利用する漁業が存在する漁村は、構成員が規約を作成して地元の漁場を守るという前提のもと、現在の漁業協同組合の源流となる「漁業組合」が組織されました。しかし、沖合漁場については、国や県の許可によって漁船数などを管理する「許可漁業」に基づく漁船と、許可を必要としない「自由漁業」に基づく漁船が混在して操業するようになりました。

ただ、これらの沖合漁業は、技術開発が急速に進み、より効率的な漁業が可能となっているため、資源保護の観点から新技術の導入には慎重な人々も少なくありません。房総半島南東部の沖合漁場で小型漁船漁業を営む人々も同じように考えています。彼らは地元の漁協にも所属していますが、近隣の漁協に所属する人々と同じ漁場で操業していることから、千葉県沿岸小型漁船漁業協同組合に加入し、同一の操業規約のもとで漁業を営んでいます。千葉県勝浦市では同じ漁港から出港する漁業者の集団を「船団」といいますが、同漁協はこの船団という考え方が重要な役割を果たしていることから、以下では、「船団組合」と呼ぶことにします。

船団組合の組合員は、季節に応じて、キンメダイ（ブランド名は

①千葉県沿岸小型漁船漁協（千葉県勝浦市）が入居する建物

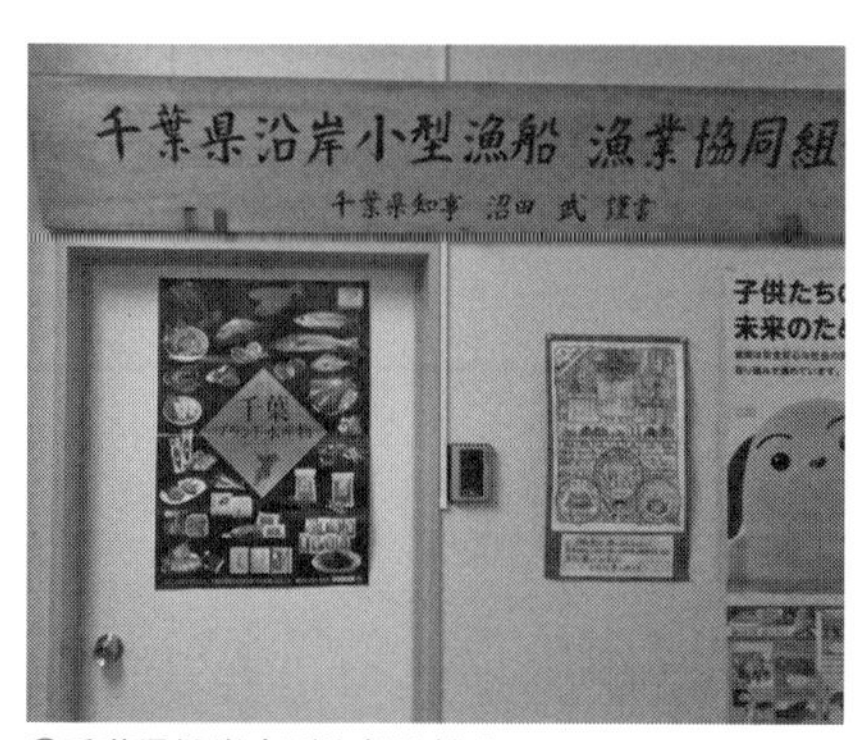

②千葉県沿岸小型漁船漁協入口

「外房キンメダイ」）、スルメイカ、マグロ・カジキ類などさまざまな魚種を漁獲して生計を立てている漁業者です。そのため、船団組合のなかにはキンメ部会、底物（そこもの）部会、イカ釣り部会、カジキ部会、カツオ部会、遊漁船部会の六つの部会があり、部会ごとに操業規約が定められています。この六つの部会のうち、ほとんどの組合員が所属しているのがキンメ部会であり、同操業規約はもっとも厳しい内容となっています。その理由は、キンメダイが安定した収入を見込める大切な魚種であり、次節でみるように「多くの歴史が刻まれた」からにほかなりません※1。

※1　旧漁業法のもとでは、キンメダイを「立て縄」（次節を参照）で釣る漁業は、農林水産大臣や知事の許可を必要とせず、また、漁業権漁業でもないので漁業権行使規則といった規則を作成することは求められていませんでした。

紛争防止のために設立されたキンメ部会

多くのキンメダイが生息している勝浦沖漁場（キンメ場）は、神奈川県の漁船によって一九三〇年に発見されて以降、神奈川県船と地元漁船が同漁場で操業を行っていましたが、神奈川漁船の夜間操業による過剰漁獲が次第に問題となりました。そこで一九五三年に

③水揚げされる「外房キンメダイ」（新勝浦市漁協西部支所）

④重さごとに選別される「外房キンメダイ」（新勝浦市漁協西部支所）

勝浦沖キンメ操業者会議が開催されたことを契機に、①操業方法は立て縄、②夜間操業の禁止、③七トン以上の県外船の利用の禁止という項目からなる覚書が締結されました。その後、神奈川県船は同漁場から撤退しましたが、地元の小型漁船の漁業者は①、②を頑なに守ってきました。なお、ここでいう「立て縄」とは図一に示したように道糸（「幹縄」ともいいます）が重りによって下がり、道糸に取り付けられた枝縄、枝縄の先に餌を仕掛ける釣り針によって魚を捕える漁具のことです。

また一九六〇年頃になると、操業隻数などが増加したことで、漁具が絡むなどの問題が発生しました。そこで漁業者はより緊密に情報を共有することを目的に六六年に船団組合を設立し、六九年からは漁業者間の話し合いで決まったことを規約として明文化しました。七七年にはキンメ部会が発足し、六九年から明文化されてきた規約をベースに、翌七八年にキンメ部会の操業規約が作成されました。

図１　金目鯛の立て縄漁

出典：千葉県沿岸小型漁船漁業協同組合

キンメ部会「操業規約」の具体的な内容

ここでは、キンメ部会の操業規約（一二項目と附則、別記で構成）の内容をみてみましょう。

第一項では、「この規約は、キンメ場における漁業資源の保護と操業秩序の維持を図り、もって安定した漁場として永続させることを目的として、キンメ立縄操業漁船の操業方法を定める」と目的が記され、第二項から第九項までは、組合員が操業を「いつ」、「どこで」、「何をする（あるいはしない）」が具体的に示されています。

まず、「いつ」に相当する第二項「操業時期」には、「一〇月一日から翌年六月三〇日まで」と明記されています。これは船団組合が一九七七年からキンメダイの産卵期（七～九月）を禁漁期としているからです。

また、操業時期であっても土曜日[※2]は禁漁日（第九項の禁止事項）として扱われており、操業時期中の禁漁日は九〇年代後半から増やす傾向にあります。

「どこで」については、第三項の「管理の範囲」のなかに緯度と経度で明確に示されています。このように勝浦沖漁場の資源を守る水域（上空からみると長方形）が定められたのは九三年からです。ちなみに、九三年には、第一項の目的も改正され、「もって安定した漁場として永続させる」という文言が加わり、資源保護への誓いを新たにしました[※3]。

第四項以降は「何をする（あるいはしない）」が示されています。

まず、第四項「操業方法」には、キンメ場では一投目の立て縄は一人につき一本という制限が記されています。次に、第五項「操業時間」では、立て縄を海に入れることができる開始時刻と終了時刻が示されています。操業時間は、六九年に「日の出から日没まで」と定められましたが、その後は徐々に短縮され、二〇一三年からは四時間に制限されました。この時間短縮は、ある高齢の漁業者が「操業時間が今の五時間のままだと魚が減る」と指摘したからです。

第六項は「漁具・漁法の制限」であり、道糸の間隔、重りの重量など、立て縄の構造について細かく規定しています。その理由は二つあり、一つは糸が絡まったときに、対処がしやすいからであり、もうひとつは乱獲を防ぐためにあえて効率の悪い方法を採用しているからです。この「あえて効率の悪い方法」はほかにもあり、たとえば、釣餌にはキンメダイが好きなサンマ、イワシをあえて使用しないことや、六九年には一八〇本であった釣り針の数を、〇三年からは一投目の立て縄の釣り針数は一五〇本、二投目以降は五〇本に制限するなどがあります。

第七項および第八項は、紛争予防に関係することが記されています。第七項の「操業漁船の識別」は、操業中であることを他の漁船に示す方法が記されています。たとえば、操業中は回転灯または色付のあかりをつけて、立て縄を投入したことを周囲の漁業者に知らせること、色付のあかりは二人の乗船の場合は青色、三人以上の乗船の場合は赤色を点灯させることなどを漁業者に義務づけています。そして周囲の操業中の漁業者は、この合図があるからこそ、適当な船間距離を取ることができたり、その周りに立て縄を落とし、絡ませないように配慮したりすることができます。

第八項の「漁具競合の場合の措置」は、立て縄が絡んだときの対処法を定めています。具体的には、漁業者が同時に立て縄を投入し、

⑤漁船に設置された回転灯

⑥左から組合長　鈴木正男氏、広報担当　今井和子氏

立て縄が絡んだ場合は、両者で確認し、どちらかが立て縄を離す作業をします。その際、絡んだ立て縄のどの部分を切るのかについても両者で協議します（実際には潮の流れやスクリューの位置をみながらどちらが切るか決めています）。また釣れたキンメダイについては、絡んだ部分の釣数によって按分して分けます。

立て縄の投入に時間差がある場合には、一番先に立て縄を入れた漁業者が指示を行い、魚の配分は両者の協議で決めます（実際には公平に分けることが多いようです）。ただし、餌を赤く染めているか否かで区別がつく場合は、餌の色によって配分が決まります（もちろん故意に漁具を入れ絡めた場合は、魚の配分をしません）。

なお、著しいトラブルが生じた場合は、当事者同士の協議だけでなく、トラブルが解決するまで全ての操業中の漁船が立ち会うことになります（操業中の漁業者は無線でトラブルの状況等が把握できます）。このような紛争予防のための決まりがあることで、何らかの問題が発生しても円滑に対処できます。

第九項「禁止事項」には、資源管理のための具体的な禁止行為が記されています。たとえば、枝縄に二つ以上の釣り針をつけることや、道糸に新素材を使うことなどです。また、投縄した後、道糸を巻くと、魚の前に釣り針をうまく送ることができるので、この行為も禁止となっています。

※2　具体的には、一〇月～翌年六月（一二月除く）は毎週土曜日、ただし、一二月は第四土曜日を除く土曜日と三一日となります。

※3　なお、附則にはキンメ場への遊漁船の入漁を認めないことや、キンメ場から外れている大陸棚でも禁漁期間中の操業禁止が記されています。

「反対者にもきちんとした理由があるから、その理由を聴かないといけない」

操業規約は、組合員が自らの行動に制約をかけることになりますが、決して否定的に捉えているわけではありません。その理由は、組合員が協議による合意形成を尊重しているからです。

第一一項では、「この規約の各事項について疑義が生じた場合は、キンメ部会において協議するものとする」と定められていますが、船団組合では、「疑義が生じた場合」だけでなく、日ごろからさまざまな事柄を協議しています。また議題の重要度に応じて「キンメ部会役員会」「キンメ部会船団長会」「キンメ部会総会」が開催されています。

操業規約を変更する場合は、組合役員および各漁港の船団長※4が招集され、「キンメ部会船団長会」が開催されますが、その場で合意に達しないなどの場合には、船団長が地元の漁業者と協議し、意見を集約したうえで、後日、意見を述べることにしています。

このように船団組合では各船団の総意に達するまで話し合うことを基本としていますが、その根底には、「反対者にもきちんとした理由があるから、その理由を聴かないといけない」(組合長の鈴木正男氏)との考えがあるからです。また、反対者の意見を聴いた後においても合意に達しない場合は、組合員が反対者のもとに出向き、理解してもらえるように要請するなど、全員が納得するまで決議しないこととしています。

このようなプロセスを経て、操業規約の変更が合意に達したら、協議に参加した船団の名前を付し、変更日を記して、組合長とキンメ部会長が押印します。そして最新の操業規約は各漁船ごとに配布され、遵守されることになります。

船団組合の副組合長で前キンメ部会長の本吉政勝氏は、「みんなが考えて規約を決め、罰則も自発的に受ける」と話します。

操業規約第一〇項「罰則」では、①釣餌の制限、②操業時間、③釣数の制限、④動力式釣機の制限、に違反した場合は、同じ地区の漁業者全員が一日間操業を自粛すると定められています。この項だけをみると、違反があった場合は、違反者本人を問い詰め、同地区の漁業者に連帯責任を取らせるような印象を受けますが、実際は異なります。

海上では、無線により、操業中のすべての漁業者が漁業者同士の会話を聞くことができます。その会話のなかで「違反行為があった」という情報が出てくると、違反者を出した地区の漁業者たちが互いに呼びかけあって、自主的に翌日の操業を止めています。これに加えて、操業規約の各事項の徹底を図るため、「各船団の役員は船団各船の点検と操業漁船の秩序維持に注意するものとする」と、船団役員の点検も操業規約の有効性を高めています。点検は一九七八年から四〇年以上も続けられています。

このような自主的な操業規約の改正と遵守により、二〇〇〇年代

⑦副組合長・前キンメ部会長　本吉政勝氏

⑧船団長会議の様子

以降、水揚量は六〇〇トンを下回ることなく安定して推移しています。

※4　船団では船団長と船団長補佐を選出します。また船団内の話し合いには、基本的に船主が参加します。

自分たちの漁場を守るために

船団組合は、キンメダイの保護のため、その生態の把握にも熱心に取り組んでいます。その取組みの一つがキンメダイを捕まえ、タグを付けて再放流することにより回遊経路などを把握する「標識放流」です。本吉氏が一九八四年に初めて実施した際には、勝浦沖で放流したキンメダイが紀南礁まで回遊していたことが判明しました。九八年からは、基本的に毎年七月一日に各船団の代表者がキンメダイを釣り、タグをつけて再放流しています。なお、標識放流にかかる燃料費や人件費は、漁業者自身が負担していましたが、現在は一般財団法人千葉県漁業振興基金から燃料費の半額が助成されています。

船団組合では、二〇一九年までの累計で二万三二四六匹を放流し、そのうち四八二匹が採捕されました。これにより、勝浦沖漁場のキンメダイは四歳魚頃までは勝浦沖におり、より大きくなると長距離を移動することがわかりました。このようなデータは研究者に提供され、広域的なキンメダイ資源管理の議論を深める一助となっています。

鈴木氏は、「私たちは漁具・漁法をあまり変えておらず、『シーラカンス』のようだ。食物連鎖の上に人がいるから、漁具・漁法を効率的にすると、自然に負荷がかかる」と話します。しかし、一方でソナーの普及や漁網の耐久性の向上など、漁労の効率性を追求する技術改良が進み、新漁具を搭載する大型漁船が増加しているという現実があります。そのため鈴木氏をはじめとする多くの漁業者は、効率的な漁法を行う漁業経営者たちと資源について真剣に話し合う機会を設けてほしいと望んでおり、筆者も大規模漁業と小規模漁業の共存を図ることは政府の責務であると考えます。

また、多くの人々に船団組合の取組みを知ってもらいたいと考えていた鈴木氏は、ある広告に掲載された勝浦市在住のイラストレーター、今井和子氏の絵を見て、「同組合のために絵を描いてほしい」と直接依頼しました。現在、今井氏は広報担当者として、船団組合の漁法や主張をまとめ「外房漁師のつぶやき」(図二)という資料を作成しています。鈴木氏は「漁業者でない今井さんが私たちに質問してくれることで、私たち自身も勉強になり、今井さんの絵が一般の人々の理解を促進してくれている」と話します。

図2　資源管理をテーマにした「外房漁師のつぶやき」

出典：千葉県沿岸小型漁船漁業協同組合

船団組合は、これまでかけがえのない漁場と資源を維持するために取り組んできました。一方、政府は新漁業法で「数量管理を基本とする新たな資源管理システムを導入する」とし、漁獲量の管理は原則、船舶ごとに採捕できる数量を割り当てる方式としました。しかし、船団組合の漁業者には、これまで取り組んできた自主的な資源管理方法や知見が蓄積されているのはここで記した通りです。そのためまず政府が実施すべきことは、船団組合の自主的な資源管理の有効性を科学的に把握し、新漁業法の「新たな資源管理システム」とどのように整合性をとるのかという検討です。漁業者が実施してきた自主的な資源管理は、数世代にもわたって議論を積み重ねてきた結果であり、乱獲を漁業者自身が防いできました。またあまり知られていませんが、船団組合の自主的な資源管理は二〇〇九年にノーベル経済学賞を受賞したエリノア・オストロム（一九三三〜二〇一二年）が高く評価した「自主的な管理」という考え方[※5]を体現した事例です。今一度、日本の漁業者が取り組んできた資源管理方法に正当な評価がなされるべきでしょう。

※5　田口さつき［二〇一四］「オストロムのコモンズ論からみた水産資源管理のあり方」『農林金融』九月号を参照。

～おわりに～

通常、食材に関する書籍の内容は、食材の旬の時期、栄養価、調理方法などの解説が中心ですが、本書『食材礼讃』は生産者や生産者を支える組織に焦点を当ててきました。その理由は、国産食材の生産基盤は、伝統的な種子を守り続けたり、ブランド化によって付加価値を高めたり、限られた資源を保護するため話し合いで規則を定めたりするなど、彼ら（彼女ら）のさまざまな努力の積み重ねによって成り立っているからです。また、日本は世界でも有数の自然災害が多い国であり、津波による被害も多いという特徴があります。しかし生産者や各協同組合は、被災のたびごとに復旧、復興に尽力し、食料供給を継続してきました。これらの国産食材を守り続けるという努力は、新自由主義的な価値観とは相いれないからか、あまり大手メディアで取り上げられることは少ないようですが、だからこそ多くの人々に知ってもらいたいと私たちは考えました。

今日のわが国では、さまざまな食材が簡単に手に入るようになり、調理済みの総菜、冷凍食品やインスタント食品もかつてないほど充実するようになりました。しかし、その一方で、季節性や地域性を排除し、規格化・標準化された輸入食材がますます増加するようになっています。その結果、近隣の漁港では多様な魚介類が水揚げされているにも関わらず、地域の人々が「旬のもの」「地のもの」を求めることが難しいという状況に陥っている地域もあります。

また、地域コミュニティという観点からは、農産物や海産物が収穫されると、それらの収穫物は地元の氏神様に献上し、直会（なおらい）で地域の人々と共に頂くことを通じて、コミュニティの絆を強めてきました。しかし、国産食材の生産が減少するということは、地域の主要な産業が衰退するということだけでなく、地域の暮らしや伝統文化が喪失することにもなりかねません。このような輸入食材の増加による食の規格化・標準化と地域の伝統文化の喪失は、ＴＰＰ11（環太平洋パートナーシップに関する包括的および先進的な協定）、日ＥＵ経済連携協定、日米貿易協定などによって今後も加速していくことが予想されます。

しかし、その一方で新型コロナウイルス感染拡大は、私たちにグローバル・サプライチェーンは意外と脆弱な側面があり、輸入が途絶える可能性があることを意識させました。また地球温暖化が要因とみられる台風の大型化や水害の増加、海外における干ばつや森林火災の拡大などの自然災害が猛威をふるうなか、食糧輸出国が自国民を最優先に保護するため、輸出規制を強化するという可能性も否定できなくなりました。このような現状を踏まえ、私たちは、日本の国土や自然を今一度見つめ直し、効率性をもっとも重視する価値観から脱却するとともに、国内農水産物の振興と地域コミュニティの伝統を守り続けていくことを真剣に考えていかなければなりません。

本書は多くの生産者、農業協同組合や漁業協同組合などの役職員、関係者の方々のお力添えで完成することができました。特に本書で取り上げさせていただいた東京都農業協同組合中央会、近江グリーン農業協同組合日野菜生産部会、愛知みなみ農業協同組合田原洋菜部会、丹波ささやま農業協同組合、ながみね農業協同組合、東京都酪農業協同組合、大山乳業農業協同組合、企業組合松崎桑葉ファーム、伊豆漁業協同組合稲取支所、みうら漁業協同組合松輪販売所、平塚市漁業協同組合、鳥羽磯部漁業協同組合、宮城県漁業協同組合、引田漁業協同組合、東安房漁業協同組合、京都府漁業協同組合、越前町漁業協同組合、横須賀市大楠漁業協同組合、千葉県沿岸小型漁船漁業協同組合（掲載順）の組合員や役職員の皆様にはこの場を借りて厚く御礼を申し上げます。

また㈱農林中金総合研究所基礎研究部の河原林孝由基氏からは、本書の企画段階から示唆に富むさまざまなアドバイスを頂きました。深く感謝します。さらに国産食材という観点から生産者、農協や漁協などの取組みを研究することに意義を認め、後押ししてくれた常務取締役の内田多喜生氏、取締役基礎研究部長の平澤明彦氏、取締役調査第二部長の新谷弘人氏、調査第二部部長代理の木村俊文氏に厚くお礼を申し上げます。

本書は全国共同出版株式会社の定期刊行物『農業協同組合経営実務』で連載した「しなやかに、軽やかに　新協同組合物語」等で発表してきた論文等をもとに大幅に加筆・修正したものです。出版に際し、国産食材を生産する現場の声を広く知ってもらうことに社会的意義を見出してくれた全国共同出版編集者、村田正氏に感謝申し上げます。

田口さつき
古江　晋也

田口 さつき（たぐち さつき）
2001年、㈱農林中金総合研究所入社。調査第二部、調査第一部を経て、13年より基礎研究部に所属。漁業、漁協の調査研究に従事。主任研究員。主な論文に「わが国の沿岸漁業の制度と漁業の民主化」『農林金融』（2018年4月号）、「漁業法の変更と都道府県の水産行政」『農林金融』（2019年10月号）、「米国沖合の水産資源管理制度」『農林金融』（2020年12月号）などがある。

古江 晋也（ふるえ しんや）
2004年、㈱農林中金総合研究所入社。調査第二部、農林中央金庫出向、調査第一部を経て、15年より調査第二部に所属。国内外の地域金融機関の経営戦略などの調査研究に従事。主任研究員。著書に『地域金融機関のＣSR戦略』（新評論2011年）がある。

食材礼讃

2021年３月15日　第１版 第１刷発行

著　者　田口さつき・古江晋也

発行者　尾中隆夫

発行所　全国共同出版株式会社
〒160-0011 東京都新宿区若葉1-10-32
TEL 03(3359)4811　FAX 03(3358)6174

印刷・製本　株式会社アレックス